数据表示与分析预测若干关键技术研究

Research on Several Key Technologies of Data Representation, Analysis and Prediction

汪 祥　任开军　朱俊星　李 丹　著

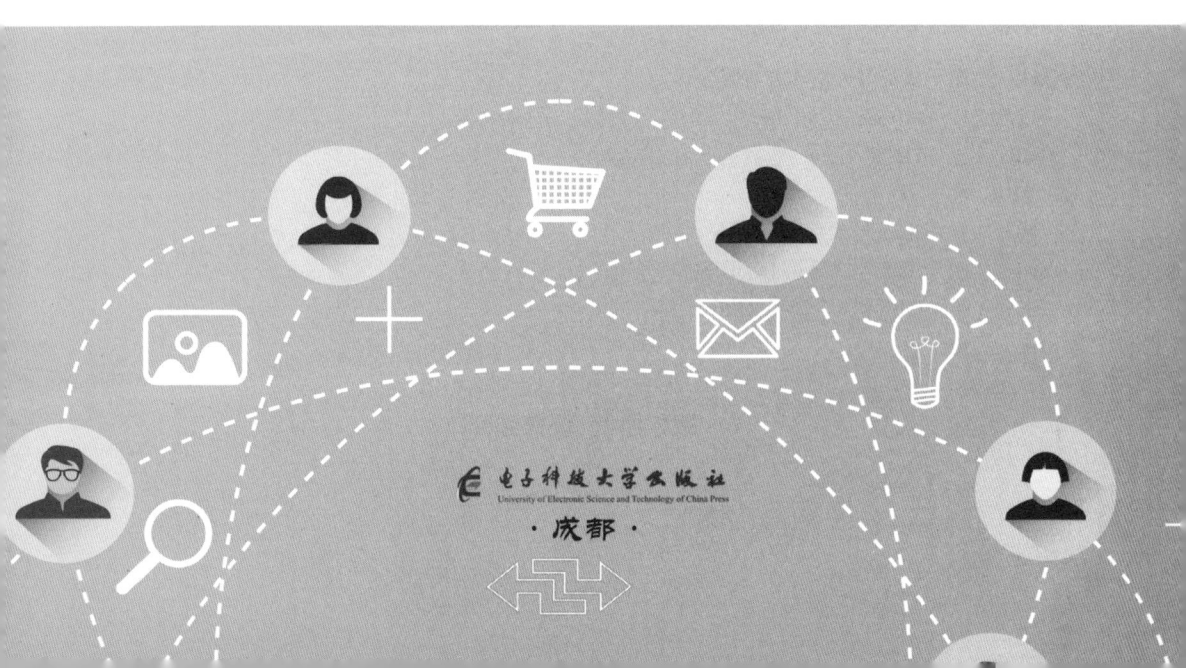

电子科技大学出版社
University of Electronic Science and Technology of China Press
·成都·

图书在版编目(CIP)数据

数据表示与分析预测若干关键技术研究 / 汪祥等著. — 成都：电子科技大学出版社，2025.2
ISBN 978-7-5647-9496-5

Ⅰ.①数… Ⅱ.①汪… Ⅲ.①数据处理 Ⅳ.①TP274

中国版本图书馆 CIP 数据核字(2022)第 217717 号

数据表示与分析预测若干关键技术研究
SHUJU BIAOSHI YU FENXI YUCE RUOGAN GUANJIAN JISHU YANJIU
汪 祥　任开军　朱俊星　李 丹 著

策划编辑	卢　莉　高小红
责任编辑	卢　莉
责任校对	兰　凯
责任印制	段晓静

出版发行　电子科技大学出版社
　　　　　成都市一环路东一段 159 号电子信息产业大厦九楼　邮编　610051
主　　页　www.uestcp.com.cn
服务电话　028-83203399
邮购电话　028-83201495

印　　刷	成都市火炬印务有限公司
成品尺寸	170 mm×240 mm
印　　张	11.75
字　　数	200 千字
版　　次	2025 年 2 月第 1 版
印　　次	2025 年 2 月第 1 次印刷
书　　号	ISBN 978-7-5647-9496-5
定　　价	69.80 元

版权所有，侵权必究

前言 PREFACE

在当今数字化和信息化迅猛发展的时代，数据的产生和积累达到了前所未有的规模。大数据不仅成为现代社会的重要资源，也为科学研究、商业决策和社会治理等各个领域带来了深刻变革。然而，数据的快速增长也对数据表示与分析技术提出了更高的要求。如何有效地表示数据、进行科学分析并准确预测，已经成为各行各业亟待解决的关键问题。

数据的价值不仅体现在其量的增长，更在于如何提取和利用这些数据所蕴含的知识。数据分析不仅仅是对历史数据的回顾，也是对现在时刻数据的刻画，更是对未来趋势的预测与决策支持。通过对数据的深入分析，我们可以发现潜在的规律、识别趋势、优化资源配置，甚至能够对复杂的社会现象进行建模与预测。这些应用的成功与否，取决于数据表示与分析技术的有效性和科学性。

本书旨在深入探讨数据表示与分析预测领域的若干关键技术，汇集了最新的研究成果与实际应用案例，以期为学术界和应用界提供理论指导和实践参考。为了帮助读者更好地阅读本书，我们将先界定相关的基本概念，如小数据与大数据、数据表示、数据分析、数据预测等，并整理回顾数据表示技术和数据分析预测技术的研究现状。这些知识将为读者提供扎实的理论基础，帮助他们更好地理解数据表示与分析预测。然后重点阐述作者在数据表示与分析预测方面的四项研究工作，包括基于概念的社交网络话题文本表示模型、基于神经网络的局部非线性降维方法、基于情感的社交网络话题传播热度预测、社交网络话题水军检测和推手发现。在每项研究工作中，我们都将详细阐述研究动机、数据获取和模型构建过程，以及总结实验发现、评价实验结果。同时，我们还将介绍各个实验涉及的相关技术、文档和算法等，讨论如何通过这些技术提取数据中的潜在信息，并进行有效的分析和预测。

在本书的最后，我们还结合目前学术界已有的理论研究成果和相关行业的最新实践探索动态，分享我们对于数据表示与分析预测发展的展望，具体包括：基于良好表示学习的驱动因素展望表示学习方法未来的发展；从数据科学的内涵和外延出发，分析数据科学面临的挑战并预测其发展趋势；追溯人工智能发展的三次浪潮，总结未来机器学习和人工智能的四个发展方向。

本书主要面向数据表示和分析领域的技术人员和科研人员，其中部分研究成果得到了国家自然科学基金项目（项目编号：62372460）和湖南省自然科学青年基金（项目编号：2024JJ4042、2023JJ40684）等项目的资助。通过尝试将学术研究与实践指南融为一体，希望本书能够为从事数据科学研究的学者、数据分析师及相关从业人员提供一个相对全面和崭新的视角，帮助大家更深入地理解数据表示与分析预测的关键技术与方法，并为推动数据表示与分析预测技术的深入研究和实际应用贡献绵薄力量。

最后，特别感谢贾焰研究员、周斌研究员、裴健教授、丁兆云教授、李莎莎老师以及邓镭、张鲁民、何雅萍等人对本书编写过程的指导与帮助，他们的智慧与经验是本书内容的重要保障，正是因为他们的努力和奉献，本书才能在这个瞬息万变的领域内保持前瞻性和创新性。

汪 祥

2024 年 12 月 12 日

目 录

第1章 数据表示与分析预测概述 ... 1
1.1 基本概念 ... 1
1.1.1 小数据与大数据 ... 1
1.1.2 数据表示 ... 4
1.1.3 数据分析 ... 5
1.1.4 数据预测 ... 6
1.2 数据表示技术的研究现状 ... 11
1.2.1 数据降维 ... 11
1.2.2 词分布式表示学习 ... 15
1.2.3 文档分布式表示学习 ... 16
1.2.4 网络用户分布式表示学习 ... 17
1.2.5 用户关系分布式表示学习 ... 19
1.3 数据分析预测技术的研究现状 ... 20
1.3.1 相关性分析与特征选择 ... 20
1.3.2 数据分类技术 ... 25
1.3.3 数据聚类技术 ... 29
1.3.4 数据预测技术 ... 31
1.4 本章参考文献 ... 33

第2章 基于概念的社交网络话题文本表示模型 ... 46
2.1 研究动机 ... 47
2.2 基于维基百科概念的文档表示模型 ... 49
2.2.1 文本的词袋模型表示 ... 50
2.2.2 倒排索引 ... 50
2.2.3 文本的维基百科概念表示方法 ... 51
2.2.4 语义矩阵 ... 54
2.2.5 语义增强后的维基百科概念向量 ... 55

2.3 实验评价 ·· 56
2.3.1 实验数据集 ·· 56
2.3.2 实验方法 ·· 58
2.3.3 评价方法 ·· 61
2.3.4 实验分析 ·· 62
2.3.5 短文本分类实验分析 ··· 63
2.3.6 维基百科文本表示模型长度分析 ······························ 65
2.4 本章总结 ·· 66
2.5 本章参考文献 ·· 67

第3章 基于神经网络的局部非线性降维方法 ···················· 71
3.1 概述 ·· 71
3.2 相关工作 ·· 73
3.2.1 降维方法 ·· 73
3.2.2 嵌入学习方法 ··· 74
3.3 Vector-to-Vector 算法框架 ··· 75
3.3.1 构建相似图 ·· 78
3.3.2 提取节点上下文 ·· 79
3.3.3 学习低维嵌入 ··· 80
3.3.4 复杂性分析 ·· 82
3.4 Approximate Vec2vec 算法 ·· 83
3.5 实验分析 ·· 84
3.5.1 实验设置 ·· 84
3.5.2 计算时间 ·· 87
3.5.3 数据分类 ·· 88
3.5.4 数据分组 ·· 91
3.5.5 参数灵敏度 ·· 92
3.6 本章总结 ·· 94
3.7 本章参考文献 ··· 95

第4章 基于情感的社交网络话题传播热度预测 ················ 102
4.1 研究动机 ·· 103
4.2 数据与模型框架 ··· 105
4.2.1 数据获取与整理 ·· 105
4.2.2 模型整体框架 ··· 106
4.2.3 测试话题及其关键词/关键短语 ·································· 108
4.2.4 话题中的用户情感分析 ·· 109

  4.2.5 话题潜在情感能量 ················ 111
 4.3 猜想实验验证 ······················ 114
 4.4 话题热度预测模型 ··················· 117
 4.5 本章参考文献 ······················ 120

第 5 章 社交网络话题水军检测和推手发现 ············· 123
 5.1 研究动机 ························· 124
 5.2 数据获取及其特征分析 ················ 126
 5.3 水军检测模型 ······················ 130
  5.3.1 水军个体特征 ··················· 130
  5.3.2 水军群体特征 ··················· 131
  5.3.3 算法框架 ······················ 134
  5.3.4 参数学习 ······················ 135
 5.4 实验评价 ························· 136
  5.4.1 评价指标与对比方法 ·············· 136
  5.4.2 实验比较 ······················ 138
 5.5 水军群体特性分析 ··················· 143
 5.6 网络推手发现 ······················ 146
 5.7 本章总结 ························· 149
 5.8 本章参考文献 ······················ 150

第 6 章 数据表示与分析预测发展展望 ··············· 153
 6.1 表示学习 ························· 153
  6.1.1 良好表示学习的驱动因素 ·········· 153
  6.1.2 表示学习方法的发展展望 ·········· 155
 6.2 数据分析与预测 ···················· 161
  6.2.1 数据科学发展展望 ··············· 161
  6.2.2 机器学习与人工智能发展的展望 ····· 167
 6.3 本章参考文献 ······················ 177

第1章
数据表示与分析预测概述

1.1 基本概念

1.1.1 小数据与大数据

数据是指以数字、文字、符号或图像等形式记录的事实、观察结果或描述性信息的集合。在计算机科学和信息技术领域，数据是信息的载体，它可以被收集、存储、处理和传输，以支持各种目的的分析、决策和行动[1]。在信息时代，数据已经成为非常宝贵的资源之一，它们可以用于解决各种问题、做出决策、推断趋势以及发现模式[2]。例如，美国奥巴马政府在2013年推出了"大数据的研究和发展计划"，其目标是提升现有从海量数据和复杂数据中获取知识的能力。欧盟在2012年推出了"第七框架计划"，该计划资助了多个大数据研究项目，旨在把握和发展大数据技术并推动其创新，促进大数据研究项目的商业化。

从数据的存储模式分类，可以将数据分为结构化数据、非结构化数据和半结构化数据三种类型。结构化数据是以表格形式存储的数据，具有固定的格式和结构，通常包括行和列，每一列代表一种数据属性或字段，每一行代表一个数据记录。结构化数据通常采用关系型数据库进行管理和存储，可以使用 SQL 等查询语言进行检索和操作。典型的结构化数据包括数据库中的表格数据、电子表格中的数据等。非结构化数据是指没有明显结构或组织形式的数据，通常不易通过传统的行和列的方式进行存储和处理，其特点是多样性和复杂性，包括文本、图像、视频、音频等形式的数据。由于缺乏明确的结构，非结构化数据的处理和分析往往需要借助自然语言处理、图像处理、音视频处理等技术。半结构化数据介于结构化数据和非结构化数据之间，具有部分结构化信息，但并不符合传统的表格形式。半结构化数据通常以一种类似于标记语言或键-值对的形式组织，其中包含部分标识符和数据内容。半结构化数据的典型例子包括 XML 文件、JSON 格式数据、NoSQL 数据库中的文档型数据等。

从数据的计算样式分类，可以将数据分为数值型数据和非数值型数据。数值型数据指以数字形式表示的数据，可以进行数学运算和统计分析。这种类型的数据通常表示数量、大小、度量或计数等，具有可比较性和可加性。数值型数据主要包括整数型数据和浮点型数据两种形式。其中，整数型数据是不带小数点的整数值，表示离散的数量或计数。例如，年龄、数量、人口数量等都属于整数型数据。浮点型数据则是带有小数点的数值，可以表示连续的数量或度量。例如，温度、体重、长度等都属于浮点型数据。非数值型数据是指不能直接进行数学运算的数据，通常表示不同的类别或属性。这种类型的数据通常以标签、符号或描述性文字表示，不能进行数值比较或加法运算，包括字符数据、逻辑数据、文字、声音和图像等。非数值型数据也可以分为名义型数据和顺序型数据两种形式。名义型数据是指表示不同类别或无序属性的数据，类别之间没有顺序或等级之分。例如，性别、民族、颜色等都属于名义型数据。顺序型数据则表示不同类别或属性，但类别之间存在一定的顺序或等级关系的数据。虽然顺序型数据可以进行排序，但不能进行数值运算。例如，教育程度（高中、本科、研究生）、商品评分（1 星到 5 星）等都属于顺序型数据。

计算机的功能强大不仅体现在计算速度上，更体现在其能处理各种数据类型（包括数值型数据和非数值型数据）的能力。通过特定的数字化处理，计算机能提高人类探索未知世界的能力。例如，人们可以将事物和现象的特征描述数据输入计算机进行处理，而不是直接将实体输送到计算机中。这些特征描述数据可以是图纸、照片、视频、文字、语音或表格等形式。无论计算机处理的对象是什么，都必须以某种方式将其以数据的方式对其特征进行表示才能进行处理。

以人类当前处理数据的能力，根据数据的规模、复杂度和处理需求，可

第 1 章　数据表示与分析预测概述

将数据分为小数据与大数据两类。与小数据相比，大数据在规模、类型、处理速度及难度上存在较大差异。具体来说，小数据规模通常较小，易于管理和处理，而大数据规模庞大，需要分布式系统和大规模计算资源来进行处理。在数据类型方面，小数据的数据量相对较小、数据类型相对单一，而大数据包含多样化的数据，包括结构化、半结构化和非结构化数据。小数据比大数据更易于清洗、分析和理解，大数据包含大量噪声和无用信息，需要更强大的技术和工具进行处理。

小数据的特点是数据量相对较少、易于理解和处理，通常可以使用传统的统计分析方法进行分析和处理。小数据可能只有几百条、几千条或者几万条记录，数据量相对较少。小数据特征如下：（1）易于理解和处理：由于数据量不大，小数据集通常更容易理解和处理，人们可以较轻松地对数据进行可视化、统计分析和模型建立。（2）数据质量相对较高：相对于大数据集，小数据集的数据质量通常更容易得到保证，更容易检测和纠正数据中的错误或异常值。（3）更容易进行人工处理：由于数据量不大，小数据集可以通过人工方法进行处理，而无须依赖复杂的自动化算法或技术。

在计算机科学和信息技术领域，大数据通常指的是规模庞大、复杂度高、处理难度大的数据集合。大数据的特点包括数据量巨大、数据类型多样、数据生成速度快等。一般来说，大数据的数据量可以达到数十太字节（TB）甚至皮字节（PB）级别，其中可能包括结构化数据、半结构化数据和非结构化数据。大数据的处理通常需要利用分布式计算、并行处理、机器学习等技术和方法。通常认为大数据具有以下五个特征：（1）海量性（volume）：大数据包含海量的源数据，传统存储和处理方法难以对其进行有效管理和处理；（2）多态性（variety）：大数据包括结构化数据（如关系型数据库中的数据）、半结构化数据（如 XML 文件、JSON 数据）和非结构化数据（如文本、图像、视频等）；（3）高速性（velocity）：大数据产生速度快，要求数据处理系统能够实时或近实时地进行数据采集、存储、处理和分析；（4）真实性（veracity）：大数据可能包含来自不同来源、质量参差不齐的数据，数据的准确性和可信度成为关键问题；（5）价值密度（value）：大数据中可能包含大量噪声和无用信息，可以通过分析和挖掘获得业务洞察和价值。

数据表示与分析预测若干关键技术研究

1.1.2 数据表示

数据表示（data representation）[3]指的是将数据以某种形式呈现或表达的过程。在计算机科学和数据分析领域，数据表示是将数据转换成计算机可以理解和处理的形式的过程。数据可以以各种形式表示，包括数字、文字、图像、音频、视频等。例如，在计算机内部，数字可以用二进制形式表示，图像可以用像素值矩阵表示，文本可以用字符编码表示等。数据表示的选择取决于数据的类型、用途以及处理方式。

表示学习（representation learning）[4]是机器学习领域的一个重要概念，它指的是通过学习数据的表示或特征，来提取数据中的有用信息。在表示学习中，模型不仅学习如何将输入映射到输出，还学习如何有效地表示输入数据。表示学习的目标是发现数据的高效表示，使得相似的数据在表示空间中更加接近，从而方便后续的数据分析、分类、聚类等任务。常见的表示学习方法包括自编码器[5]、卷积神经网络[6]等。表示学习在自然语言处理、计算机视觉、语音识别等领域都得到了广泛的应用，并取得了显著的成果。

数据表示和表示学习虽然都涉及数据的表示，但它们的概念和应用场景有所不同。

数据表示是指将数据以某种形式或格式呈现或表达的过程。这个过程可以涉及将现实世界中的信息转换成计算机可以理解和处理的形式，也可以涉及将计算机内部的数据转换成人类可读的形式，其目的是方便存储、传输、处理和理解数据。它可以涉及各种类型的数据，包括数字、文字、图像、音频、视频等。

表示学习则是机器学习领域的一个子领域，它专注于通过学习数据的表示或特征来提取数据中的有用信息。在表示学习中，模型不仅学习如何将输入映射到输出，还学习如何有效地表示输入数据。这意味着模型尝试发现数据的高效表示，使得相似的数据在表示空间中更加接近，从而方便后续的数据分析、分类、聚类等任务。

所以，数据表示更侧重数据的表现形式和格式，而表示学习则侧重学习数据的有效表示以及在此基础上进行相关任务的学习。

第 1 章　数据表示与分析预测概述

"数据决定了机器学习的上限，而算法只是尽可能逼近这个上限"[7]，这里的数据指的就是经过特征工程得到的数据。特征工程是从原始数据中抽取特征的过程，这些特征可以很好地描述这些数据，并且利用它们建立的模型在未知数据上的表现性能达到最优（或者接近最佳性能）。从数学的角度来看，特征工程就是如何设计输入变量 X。在传统机器学习中，如果需要对汽车进行表示，往往依靠的是领域专家手工提取特征并表示；在深度学习中，模型可以自动抽取特征，直接将汽车数据输入模型，可以将其自动转换成高效有意义的表示。

1.1.3　数据分析

在物联网关联的移动应用、社交媒体和智能技术迅速发展的背景下，大数据时代已经悄然兴起。数据分析成为利用这些海量数据快速改善工作方式和思维方式，并为通用人工智能发展奠定基础的关键技术。

数据分析是运用对比、类比、推测、反证等研究方法获取事物规律的过程，以对搜集到的数据进行系统性的研究和解释，以揭示数据背后的模式、关系和趋势[8]。通过使用各种统计和计算方法，数据分析帮助人们理解数据所包含的信息，发现其中的规律性，并从中提取有价值的见解和知识。数据分析通常涉及数据清洗、转换、建模和解释等过程，旨在为决策制定、问题解决、预测和优化提供支持。在不同领域和应用中，数据分析可以用于各种目的，通常包括市场调研、业务决策、产品优化、风险管理、医疗诊断和科学研究等。简言之，数据分析是指运用统计方法对大量数据进行深入研究和综合总结的过程，旨在提取有用信息、得出结论，并揭示数据背后的潜在规律。这一过程的目标在于将看似杂乱无章的数据加以归纳和理解，以支持决策制定[9]。数据分析有许多不同的方法，具体选择哪种方法取决于数据的类型、分析的目的以及可用的工具和技术。现阶段被广泛认可的数据分析方法主要包括描述性统计分析、假设检验和推断统计学、聚类分析、因子分析及文本分析五种。

（1）描述性统计分析（descriptive statistical analysis）[10]是一种用于对数据进行总结和描述的统计方法，包括测量数据的中心趋势、变异程度和分布

005

形状等。常见的描述性统计指标包括均值、中位数、标准差、最大值、最小值、分位数等,用于了解数据的基本特征和分布情况,为进一步的分析提供基础。

(2)假设检验和推断统计学(hypothesis testing and inferential statistics)[11]是一种统计方法,用于从样本数据推断总体特征,并对所做推断的置信水平进行检验。推断统计学包括参数估计、置信区间和假设检验等方法,用于从样本数据中推断总体特征,检验样本之间的差异是否显著。

(3)聚类分析(cluster analysis)[12]是一种无监督学习方法,用于将数据集中的观察值分成不同的组或簇,使得每个组内的观察值之间相似度较高,而不同组之间的相似度较低。

(4)因子分析(factor analysis)[13]是一种统计方法,用于确定一组观察变量之间的共同变异性,发现数据中的潜在结构和关系,并将它们归因于较少数量的未观察变量,即因子。

(5)文本分析(text analysis)[14]是一种数据分析方法,用于从文本数据中提取有用的信息和见解。文本分析技术包括词频统计、情感分析、主题建模等。

数据分析可以帮助搜集、清洗和准备数据,为模型训练提供高质量的输入。通过对数据进行分析,可以发现数据中的模式和规律,优化模型的设计和参数设置,提高模型的性能和准确度。此外,数据分析还可以帮助解释和理解模型的预测结果。通过对模型的输入数据和输出结果进行分析,可以发现模型的行为模式、偏差和错误,并为调试和改进模型提供线索和方向。在特定的应用领域,数据分析可以帮助挖掘数据中的潜在价值和见解。例如,在医疗领域,数据分析可以帮助发现患者的疾病风险因素和治疗方案;在金融领域,数据分析可以帮助识别欺诈行为和市场趋势;在电商领域,数据分析可以帮助理解用户行为和购买偏好。

1.1.4 数据预测

数据预测是根据过去和现在的数据推理出未来数据的过程,通常可以在未来某个时间将这些预测结果与实际情况进行对比分析。举例来说,一家公司可能会估计他们未来一年的收入情况,然后将这一预测结果与实际情况进行比较。风险和不确定性是预测的核心,因此发现预测结果不确定性程度的概率通常被认为是一种良好的实践。在任何情况下,数据都应尽量保持时效性,以确保尽可能准确地预测。在某些情况下,用于预测感兴趣变量的数据本身就构成了预测[15]。

数据预测的意义在于帮助人们做出更准确的决策和规划。通过对过去的和现有的数据进行分析和建模,预测模型可以推断未来可能发生的情况或趋势,这对于商业、金融、医疗、气象、交通等各领域都具重要意义。在商业和金融领域,数据预测可以帮助企业预测销售额、市场趋势、股票价格等,从而指导投资决策、制定营销策略和优化资源分配;在医疗领域,数据预测可以用于疾病预测、流行病传播模型、药物研发等,有助于提前采取预防措施和制定治疗方案;在气象学领域,数据预测用于预测天气变化、自然灾害风险等,有助于提前做好防灾准备和资源调配;在交通领域,数据预测可以预测交通拥堵、需求量变化等,有助于优化交通流量和改善城市交通运输系统。

根据领域的不同,预测的准确性会有显著的差异。如果与预测相关的因素是已知且理解良好的,并且有大量可用的数据,那么最终值很可能接近预测值。如果情况相反,或者实际结果受到预测的影响,那么预测的可靠性可能会大大降低。总的来说,数据预测可以提供对未来情况的估计,帮助人们更好地规划和应对未来的挑战,减少不确定性,提高效率,促进社会和经济发展。

常见预测类数据分析方法主要分为时间序列预测、机器学习预测及深度学习预测三类。

一、时间序列预测

时间序列数据是按照时间顺序排列的数据集合,例如每天的销售量、每月的股票价格等。预测时间序列数据可以帮助人们了解未来的趋势和模式,从而做出更准确的决策。

数据表示与分析预测若干关键技术研究

1. 指数平滑法

指数平滑法（exponential smoothing）[16]是一种常用的时间序列预测方法，用于对数据进行平滑处理和预测未来趋势。该方法基于加权平均的思想，通过对历史数据赋予不同的权重，使得近期数据的影响更大，远期数据的影响更小，从而更好地捕捉数据的趋势和周期性。该方法常在数据序列较少时使用，且一般只适用于中短期预测。对于长期趋势或复杂非线性关系的数据可能表现不佳。指数平滑法可以继续拆分为一次平滑法、二次平滑法、三次平滑法：一次平滑法为历史数据的加权预测，二次平滑法适用于具有一定线性趋势的数据，三次平滑法适用于具有一定曲线关系时使用。

2. 灰色预测模型

灰色模型（grey model）[17]是一种用于处理少量数据、缺乏足够统计信息的预测模型，特别适用于非常规、非线性和不确定性强的数据。灰色模型通过对数据进行灰色化处理，将不完整、不准确的数据转化为完整、准确的序列，然后利用这些序列进行建模和预测，可针对数量非常少，数据完整性和可靠性较低的数据序列进行有效预测。其利用微分方程来充分挖掘数据的本质，建模所需信息少，精度较高，运算简便，易于检验，也不用考虑分布规律或变化趋势等。但灰色预测模型一般只适用于对短期数据、有一定指数增长趋势的数据进行预测，不建议进行长期预测。

二、机器学习预测

机器学习方法是一类利用算法和模型从数据中学习规律，并据此做出预测或决策的方法。这些方法可以根据学习方式、任务类型和模型结构等方面进行分类和展开。

1. 监督学习

监督学习是最常见的机器学习方法之一，其训练数据包含了输入和对应的输出标签。模型通过学习输入与输出之间的映射关系来进行预测。常见的监督学习预测算法包括线性回归、逻辑回归、决策树等。

（1）线性回归（linear regression）

线性回归[18]是一种用于预测连续性变量的方法，它基于输入特征和目标之间的线性关系建立模型，通过拟合一条最佳拟合直线或平面来预测目标变量的值。具体来说，利用训练数据集拟合出一条线性函数，使得该函数与实际观测值之间的误差最小化。然后用这个模型来对新的输入数据进行预测，通过将输入特征代入线性函数中，得到对应的目标变量的预测值。

（2）逻辑回归（logistic regression）

逻辑回归[19]是一种用于解决二元分类问题的方法，它通过将特征和目标之间的线性关系映射到0和1之间的概率来进行预测。通过利用训练数据集拟合出一个逻辑函数，使得该函数能够最大化预测正确标签的概率。然后对新的输入数据进行预测时，将输入特征代入逻辑函数中，得到对应的概率值，根据概率值进行分类决策。

（3）决策树（decision trees）

决策树[20]是一种树状结构，用于通过一系列决策规则对数据进行分类或回归。它通过选择最能区分不同类别的特征进行分割，形成一系列决策节点和叶节点。通过训练数据集构建一棵决策树，其中每个节点代表一个特征，每个分支代表一个决策规则。然后利用决策树对新的输入数据进行分类或回归预测，沿着树状结构根据输入特征依次进行决策，直到达到叶节点并得到预测结果。

2. 无监督学习

无监督学习不需要预先标记输出，模型通过学习数据的内在结构和模式来进行分析和预测。在无监督学习中，通常不会使用传统的数据预测方法，因为无监督学习的目标是在没有标签的情况下探索数据的结构和模式。然而，可以使用一些无监督学习方法来进行数据的预测或推断，尽管这种预测通常是基于数据的特征和结构，而不是事先提供的目标变量。常见的用于数据预测或推断的无监督学习方法包括聚类分析、主成分分析等。

（1）聚类分析（cluster analysis）

聚类分析[21]是一种将数据样本划分为不同组或簇的技术，使得同一组内的样本之间具有较高的相似性，而不同组之间的样本具有较大的差异性。聚类分析通常用于探索性数据分析，帮助发现数据集中的自然结构和群组。聚类算法通过计算样本之间的距离或相似性，并根据相似性将样本分组成不同的簇，实现对数据的预测。

(2) 主成分分析（principal component analysis，PCA）

主成分分析[22]是一种降维技术，旨在通过线性变换将原始数据转换为一组线性无关的变量，即主成分。这些主成分按照方差的大小排列，可以捕捉数据中最大的方差，从而保留数据中最重要的信息。主成分分析通过计算数据的协方差矩阵或相关系数矩阵，然后对其进行特征值分解或奇异值分解来获取主成分。在实际应用中，通常只选择保留方差较大的主成分来实现数据的降维。虽然数据降维技术本身不直接进行数据的预测，但通过减少数据的维度，可以使数据更易于理解和处理，从而为后续的预测任务提供更好的输入。

三、深度学习预测

深度学习是机器学习的一个分支，其核心是人工神经网络模型。该方法能够自动从原始数据中学习到更加抽象和高级的特征表示。这些学到的特征可以用于数据的预测任务，帮助模型更好地理解数据并做出准确的预测。此外，深度学习方法具有强大的非线性建模能力，能够学习到复杂的数据模式和规律。神经网络的多层结构使得模型能够学习到数据的非线性关系，从而可以更准确地进行数据的预测。常见的用于数据预测或推断的无监督学习方法包括卷积神经网络、循环神经网络等。

1. 卷积神经网络（convolutional neural networks，CNN）

CNN[6]作为一种深度学习模型，被广泛用于数据预测任务，其工作流程通常包括数据准备、模型构建、训练、评估和预测等步骤。首先需要准备训练数据和测试数据，其中训练数据包括输入特征和对应的标签。然后构建CNN模型结构，包括卷积层用于提取特征、池化层用于降维和全连接层用于分类或回归。通过训练数据对CNN模型进行训练，采用优化器和损失函数来调整模型参数，使其能够更准确地预测输出标签。在训练完成后，使用测试数据对模型进行评估，通常使用准确率等指标来评价模型的性能。最后利用训练好的模型对新的未知数据进行预测，得到预测结果。整个过程涵盖了模型的训练、评估和应用阶段，以实现对数据的准确预测。

2. 循环神经网络（recurrent neural networks，RNN）

RNN[23]常用于处理序列数据和时序数据的预测任务，其工作流程包括数据准备、模型构建、训练、评估和预测等步骤。RNN 的特点是具有循环连接，可以在处理序列数据时保留历史信息，其模型结构通常包括一个或多个循环层，以及选用的激活函数。通过训练数据对 RNN 模型进行训练，采用优化器和损失函数来调整模型参数，使其能够更准确地预测序列数据的下一个元素或者进行时序数据的预测。在训练完成后，使用测试数据对模型进行评估，通常使用准确率、损失函数等指标来评价模型的性能。最后利用训练好的模型对新的未知序列数据进行预测，得到预测结果。

以上是数据预测方法中的一些常见技术，每种技术都有其独特的应用领域和优势。深度学习方法在图像识别、语音识别、自然语言处理等领域取得了很大的成功，成为目前人工智能领域的重要技术之一。

1.2 数据表示技术的研究现状

机器学习（machine learning，ML）是一种利用有限的观测数据学习普适规律，并用于对未知数据进行预测的方法。为了提高机器学习系统的准确率，实现一个成功的机器学习系统，需要将输入信息转换为有效的特征，或者称为表示。从原始输入数据中自动地学习提取出有效的特征，并提高最终机器学习模型的性能的方法叫作表示学习。表示学习在一定程度上也可以减少模型复杂性、缩短训练时间、提高模型泛化能力、避免过拟合等。表示学习目前已成为学术界的一大焦点，2013 年设立的 ICLR（international conference on learning representations）会议用于发表该领域最前沿的工作。随着表示学习的不断发展和创新，表示学习已在语音识别与信号处理、目标识别、自然语言处理等许多领域展现出其巨大的潜力和应用前景。

1.2.1 数据降维

数据降维是一种数据处理技术，通过保留数据的主要特征和信息，将高维数据映射到低维空间。这样做的目的是减少数据维度，同时尽量保持原始数据的结构和重要关系，以便在更低维度的空间中进行可视化、分析和处理。数据降维的方法可以分为线性和非线性两大类。线性方法主要包括主成分分析（principal component analysis，PCA）和线性判别分析（linear discriminant analysis，LDA）。非线性方法可以分为保留局部特征与保留全局特征两类，其中保留局部特征主要有四种，分别是局部线性嵌入（locally linear embedding，LLE）、赫森变换的局部线性嵌入（hessian locally linear embedding，Hessian LLE）与局部切空间排列（local tangent space alignment，LTSA）、基于神经网络的非线性局部数据降维方法（Vec2vec）[24]。保留全局特征可以分为基于距离保持和基于神经网络两类，基于距离保持的有基于欧式距离的多维尺度变换（multidimensional scaling，MDS）、基于测地线距离的等距特征映射（isometric mapping，ISOMAP）和基于分散距离的扩散映射（diffusion maps）；基于神经网络的是自动编码器（autoencoder）。

本书选取常见的八种数据降维方法进行简要介绍，分别为 MDS（multidimensional scaling）多维尺度变换、ISOMAP（isometric mapping）等距特征映射、PCA（principal component analysis）主成分分析、LDA（Linear Discriminant Analysis）线性判别分析、t-SNE（t-distributed stochastic neighbor embedding）T 分布随机邻域嵌入、LLE（locally linear embedding）局部线性嵌入、自动编码（autoencoder）以及基于神经网络的非线性局部数据降维方法（Vec2vec）。

多维尺度变换（multidimensional scaling，MDS）是一种常用的数据分析技术，用于将高维数据映射到低维空间，以便进行可视化和数据分析。William 撰写的 *Multidimensional scaling: I. Theory and method* 是多维尺度变换领域的经典之作，他在书中介绍了 MDS 的基本理论和方法，探讨了数据点之间的距离如何在低维空间中保持，并提供了一种优化算法来实现 MDS。1964 年，Kruskal[25] 提出了一种不依赖于距离度量的 MDS 方法，该方法适用于非度量数据，使得在低维空间中保持了原始数据的排序关系。2007 年，Borg 和 Groenen[26] 详细介绍了 MDS 的理论、算法和应用，重点论述了在距离度量的优化、不同类型的 MDS 方法以及 MDS 在实际问题中的应用等。

等距特征映射（isometric mapping，ISOMAP）是一种非线性降维方法，用

第1章 数据表示与分析预测概述

于将高维数据映射到低维空间，保持数据间的地面距离信息。2000年，Joshua B. Tenenbaum 等人[27]提出了ISOMAP算法，通过在数据之间建立地面距离图，然后利用多维尺度变换（MDS）来实现降维，以保持数据之间的地面距离信息。Joshua B. Tenenbaum 和 William T. Freeman 介绍了一种基于ISOMAP的模型，用于将图像中的风格和内容分离，该研究展示了ISOMAP在图像处理领域的应用潜力。

主成分分析法（principal component analysis，PCA）是一种降低数据维度的有效技术。Jolliffe 写的 *Principal Component Analysis* 是主成分分析领域的经典著作之一，他在书中详细介绍了PCA的理论基础、数学原理和实际应用，解释了如何计算主成分，以及如何使用PCA进行数据降维和特征提取。统计学家 Karl Pearson 是最早提出主成分分析的人，他提出了PCA的数学原理，即通过寻找数据中方差最大的方向（主成分）来实现数据降维，并在实际应用中拟合数据。Harold Hotelling 对PCA进行了进一步的发展和推广，并将其应用于心理学和教育领域，使PCA的应用范围更加广泛。Herve Abdi 和 L. J. Williams[28]回顾了PCA的历史，介绍了PCA的数学原理和算法，并详细讨论了PCA的应用领域，如图像处理、数据可视化等。

线性判别分析（linear discriminant analysis，LDA）是一种经典的模式识别和分类算法，用于在降维的同时最大化不同类别之间的可分性。1936年，R. A. Fisher 首次提出了LDA的基本思想，他讨论了如何通过寻找在不同类别间的投影上最大化类间方差和最小化类内方差来实现数据降维和分类。2004年，G. J. McLachlan[29]深入介绍了LDA的理论和应用，包括二分类和多分类问题，同时还探讨了LDA与其他分类方法的联系和差异。2009年，T. Hastie 等人[30]阐述了LDA的数学原理、推导过程以及在分类问题中的应用。

T分布随机邻域嵌入（stochastic neighbor embedding，t-SNE）是一种流行的非线性降维技术，用于将高维数据映射到低维空间，以便进行可视化和数据分析。2008年，Laurens van der Maaten 和 Geoffrey Hinton 介绍了t-SNE的核心思想和算法原理，通过优化数据点之间的相似性来实现降维，同时保留数据之间的局部结构。2009年，Laurens van der Maaten 进一步阐述了t-SNE的思路，并提出了一种参数化的t-SNE方法，通过学习参数来优化嵌入效果，使得 t-SNE 更加灵活和可控。2014 年，Laurens van der Maaten[31]提出了一种加速 t-SNE 计算的方法，使用了树状结构的近似算法，以降低计算复杂度并加快嵌入过程。Wattenberg 等人[32]提供了详细的使用 t-SNE 的技巧，解释了 t-SNE 的参数设置、稳定性问题和结果，同时提供了一些建议，以确保正确理解和使用 t-SNE。

局部线性嵌入（locally linear embedding，LLE）是一种非线性降维方法，用于将高维数据映射到低维空间，并保持数据之间的局部结构。2000 年，Sam T. Roweis 和 Lawrence K. Saul 首次提出了 LLE 算法，通过寻找每个数据点的局部线性关系来实现降维，保持数据的局部结构。2003 年，Sam T. Roweis 和 Lawrence K. Saul 对 LLE 算法进行进一步探讨，他们详细解释了 LLE 的数学原理和实现细节，并在实验中验证了 LLE 在降维和数据可视化方面的有效性。同年，Donoho 对 LLE 进行改进，引入了 Hessian LLE 方法，通过使用海森矩阵来调整局部线性关系，提高了 LLE 在高维数据降维中的性能。2004 年，Zhang 等人[33]将 LLE 与切空间对齐相结合，提出了切空间对齐的主流形方法，该方法在 LLE 的基础上，通过优化切空间对齐来提高降维结果的准确性和稳定性。2023 年，Wang[24]等人用仅具有一个隐藏层的神经网络来减少计算复杂度，通过学习数据点之间的局部关系来学习数据的嵌入表示，解决现有局部降维方法在处理大规模高维数据时计算复杂度高的问题。首先从输入矩阵中构建了一个邻域相似性图；其次利用图中的随机游走属性定义了数据点的上下文；最后使用数据点的上下文来训练神经网络，学习矩阵的嵌入表示。

自动编码器是一种无监督学习的神经网络模型，用于学习数据的低维表示或特征，通常用于数据降维、特征提取和数据重建。1986 年，David 等人[34]提出了反向传播算法，并使用多层前馈神经网络来学习数据的表示，自动编码器由此起源。2006 年，Geoffrey 和 Ruslan[35]介绍了使用自动编码器进行降维的方法。他们提出了一种新型的自动编码器，称为随机隐藏层自动编码器（restricted boltzmann machine，RBM），用于学习高维数据的低维表示。2007 年，Bengio 等人[36]讨论了深度自动编码器（deep autoencoder），通过逐层贪婪训练的方法，训练多层自动编码器，用于学习更复杂的数据表示。2008 年，Vincent 等人[37]介绍了去噪自编码器（denoising autoencoder，DAE），提出通过在训练阶段加入噪声来学习鲁棒特征,从而提高自动编码器的性能。2013 年,Kingma 等人[38]提出了变分自动编码器(variational autoencoder,VAE),结合变分推断和自动编码器,用于生成潜在空间中的样本,并在图像生成和数据表征学习中取得了显著的成果。2016 年,Chen 等人[39]介绍了信息最大化生成对抗网络(InfoGAN),它结合了自动编码器和生成对抗网络(GAN),用于无监督学习可解释的特征表示。

基于神经网络的非线性局部数据降维方法(Vec2Vec)是一种用于处理高维数据的先进技术。该方法的目标是将高维数据嵌入低维空间中,同时尽可能保留原始数据的局部结构和重要特征。自动编码器方法已经在数据降维方面取得了显著成功,但这些方法存在一些限制。首先,它们在不同数据集上的泛化能力较差,需要针对每个新数据集进行复杂的调整和调参。这一过程不仅耗时,而且要求较高的计算资源。特别是对于大规模高维数据,使用特征值分解或奇异值分解会导致计算复杂度大幅增加,难以满足实际应用的需求。为了克服这些挑战,我们[24]设计了一种新的局部降维方法,该方法在降低计算复杂度的同时,扩展了嵌入学习模型的应用范围,且只使用一个隐藏层的神经网络来实现降维,显著降低了计算复杂度。具体来说,该方法首先从输入数据矩阵中构建了一个邻域相似图,这个相似图用于表示数据点之间的局部关系。接下来,定义了图中数据点的上下文,这些上下文具有随机游走的特性,这意味着数据点的上下文不仅包含其直接邻居,节点还包括通过随机游走可以到达的其他数据点,通过这种方式,可以捕捉到数据的局部和全局结构。在此基础上,训练一个只有一个隐藏层的神经网络,以学习数据点在上下文中的嵌入表示,这个过程通过最小化数据点和其上下文之间的嵌入误差来进行,从而确保嵌入表示能够有效地保留原始数据的结构信息。通过这种方法,不仅实现了高效的降维,同时也显著降低了计算复杂度,使其适用于大规模高维数据集。总的来说,Vec2Vec 方法通过巧妙设计的神经网络结构和训练策略,提供了一种高效、灵活且具有较强泛化能力的降维解决方案,为处理高维数据提供了新的途径。

1.2.2　词分布式表示学习

词的表示模型一般可以分为独热表示(one-hot representation)和分布式

表示（distributed representation）两类[40]。词的独热表示是将词表示为词表长度的高维稀疏向量。词的分布式表示是 Hinton 等人在 1986 年提出的[41]，其基本思想是通过训练将每一个词表示为一个 N 维的实数向量（N 通常远小于词表长度），使得语义上相关或相似的词语在距离上更接近。独热表示中任意两个不同词语之间是独立的，而分布式表示通过词语向量之间的距离来判断相似度。

自从词的分布式表示提出以来，很多模型都可以学习词的分布式表示，Bengio 等人尝试使用神经网络来训练词向量[42]，但是早期的词语分布式表示训练时间过长。2013 年，Mikolov 等人实现的 Word2Vec 工具[43,44]很好地解决了此问题，提出了 CBOW 和 Skip-Gram 两种模型。Pennington 等人提出的 GloVe 模型[45]采用矩阵分解的方法学习词的分布式表示。Mikolov 等人提出了利用字的形态学（morphologically）特征的 FastText 方法[46]，其首先学习 n-gram 的子字表示，然后通过组合得到字的分布式表示。Ji 等人在 Skip-Gram 基础上提出了 WordRank 模型[47]，将词的分布式表示学习看成是排序问题并修改了优化方法。

词的分布式表示受制于原始训练语料的限制，很多低频词得不到足够训练，语义上相近的词不一定具有相同的上下文，因此很多研究者尝试利用外部知识来提高模型的效果[48,49]。Yu 等人从 Paraphrase Database 和 WordNet 中学习词语的相似信息[50]。Bian 等人将词的前后缀、句法和语义信息加入 CBOW 模型中[51]。Xu 等人提出了 RC-NET 模型[52]，将知识图谱中的实体关系和层次关系信息嵌入 Skip-Gram 模型中。

1.2.3　文档分布式表示学习

基于词的独热表示方法的经典文本模型是布尔模型[53]和词袋模型 BOW（bag-of-words），这类方法的缺点在于忽略了词语之间的顺序和语义关系，好处在于易于表示和使用。针对词袋模型缺少背景语义知识的特点，很多研究尝试使用外部知识库来增强文本表示模型的语义并将其应用于文本分类、文本聚类等应用中[54-57]。

很多研究尝试将词语的分布式表示应用到短语[43,58]、概念[59]、句子[60,61]和文档[62,63]等对象的表示学习中。Mikolov等人[62]在词向量的基础上将分布式表示扩展到了句子和文档，提出了Doc2Vec方法，目标词是通过词的上下文和文档向量学习得到的。Chen等人提出了Doc2VecC方法[64]，其采用词向量的平均作为文档向量的表示，采用Corruption方法从文档整体语义方面对词向量进行优化，减少了计算开销。Pagliardini等人提出了Sent2Vec文档分布式表示方法[65]，与Doc2VecC方法不同，Sent2Vec在优化方面更侧重于句子和段落等较短文本的语义组成，而Doc2VecC侧重于整篇文档。Kiros等人[66]采用自动编码器学习文档的分布式表示Skip-thoughts，在编码部分学习句子的密集向量表示，解码部分使用此密集向量来预测前一个（下一个）句子中的词语。Wieting等人[67]在Paraphase Database的基础上提出了Paragram-phrase方法，通过最大化训练集中解释对句子向量之间的余弦相似度进行训练。Lau等人[68]实验评价了Doc2Vec[62]、Skip-thought[66]和Paragram-phrase[67]三种方法，发现Doc2Vec方法在大数据集上更加健壮，而且可以使用预训练好的词向量。Tang等人提出了一种学习文本分布式表示的半监督学习方法PTE[69]，其将标记的任务数据用于词向量的学习，提高特定任务中的预测能力。

当前文档分布式表示模型的研究取得了较好的效果，由于主要针对传统长文本进行设计，应用到社交网络短文本时存在以下问题：（1）社交网络文本通常具有短文本特点，使得当前方法缺乏上下文而学习效果变差；（2）当前方法在低频词和新词表示学习上效果较差，而社交网络文本中新词和低频词众多，短文本特性使得新词和低频词在文本表示中地位显著；（3）社交网络文本数量异常庞大，当前方法难以在可接受时间内完成训练，急需研究文本分布式表示增量学习模型。

1.2.4 网络用户分布式表示学习

自从词的分布式表示模型被提出以来，用户、节点等的分布式表示在链接预测、推荐系统、社区发现等领域取得了较好的效果。这类方法产生的稠密定长向量不仅解决了传统方法的高维稀疏问题，而且考虑了元素的网络结构信息。

很多研究基于随机游走的方法找到网络节点之间的路径，将路径中的节点类比为句子中的词语，然后基于Skip-Gram等模型学习节点的分布式表示。Perozzi等人提出了DeepWalk算法[70]基于随机游走方法学习节点的分布式表示。Grover等人提出了Node2Vec方法[71]，采用有偏随机游走（biased random walk）来发现节点的上下文序列。Dong等人为了学习异质网络中的节点表示提出了Metapath2Vec方法[72]，其采用随机游走方法在异质网络中发现节点的邻居节点。

很多研究基于矩阵分解的方法学习网络节点的分布式表示，清华大学的Yang等人[73]证明了DeepWalk方法与矩阵分解方法的等价性。Ahmed等人通过矩阵分解的方法找到图的低维表示，这种方法主要利用节点之间的一阶相似性[74]。Wang等人为了在网络分布式表示中保持网络社区结构，提出了基于模块化非负矩阵分解的M-NMF模型[75]。Tu等人[76]在DeepWalk的基础上，提出了适用于Max-Margin分类的节点分布式表示方法。

此外，还有很多其他学习网络用户的分布式表示的方法[77,78]。Barkan等人提出了Item2Vec[79]，将用户浏览的物品序列看成是Word2Vec方法中的句子来进行物品的分布式表示学习。Suhang Wang等人[80]提出一种在包含负连接的符号网络中学习节点分布式表示的方法。Tang等人提出了LINE模型[81]，定义了节点之间的一阶相似性和二阶相似性并以此构造目标函数。Tu等人提出了边信息敏感的网络用户分布式表示模型CANE[82]，在链接预测和节点分类等应用中表现良好。

在利用网络结构信息和节点内容信息进行网络分布式表示学习方面，Yang等人[73]提出了TADW方法，在矩阵分解的框架下加入节点的文本信息子矩阵。由于社交网络节点规模通常数以亿计，矩阵分解的方法[时间复杂度$O(|V|^2)$，V为节点集合]难以适用。Sun等人[83]提出了CENE模型，将用户文本当成节点来学习基于网络结构与文本内容的网络用户分布式表示。Zhang等人[84]综合利用社交网络网络结构信息和用户介绍信息来学习用户的分布式表示。Pan等人[85]提出了TriNDR模型，综合利用网络结构、节点内容和节点标签来学习节点的分布式表示。Huang等人[86]提出的LANE框架将内容相似度信息、网络结构信息和标签相似度信息融入节点分布式表示中。

LANE 和 TriNDR 方法重点在于利用标签信息，性能提升中文本内容的贡献较少。

1.2.5　用户关系分布式表示学习

在影响力分析、社区发现、话题传播等网络分析应用中[87-89]，人们通常采用一个实数值表示用户关系强度或影响强度，在一定程度上满足了当前网络分析挖掘的需要，但是忽略了用户关系的丰富语义知识，除 TransNet 模型外，关于用户关系的表示学习少有研究[90]。Tu 等人[90]在 2017 年基于用户关系标签信息提出了 TransNet 模型，采用深层自动编码器学习边的表示向量并进行标签预测。

虽然，网络分析挖掘中对用户关系的表示学习的研究较少，但是很多研究者开展了知识图谱中的实体关系表示学习研究。Lao 等人提出了 Path-Constraint Random Walk[91]、Path Ranking 算法[92]，其利用实体关系路径来预测实体关系。Bordes 等人[93]提出了 TransE 模型，其将知识库中的关系看成是头实体向量和尾实体向量之间的平移，在知识库链接预测实验中性能显著提升。在 TransE 模型的基础上，很多研究者提出了改进模型，如 TransH 模型[94]、TransR 模型[95]、TransD 模型[96]、TranSparse 模型[97]、TransA 模型[98]、TransG 模型[99]、KG2E 模型[100]和 PTransE[101]等。其中，Wang 等人[94]提出的 TransH 模型中同一个实体在不同关系中拥有不同表示，实体和实体关系处于相同的语义空间中，Lin 等人[95]提出的 TransR 模型基于实体的投影空间来学习关系表示。另外，Nickel 等人[102]提出了知识图谱的全息表示模型(holographic embeddings)，采用头、尾实体向量的循环相关(circular correlation)操作来表示实体对。

1.3 数据分析预测技术的研究现状

1.3.1 相关性分析与特征选择

相关性分析和特征选择在表示学习领域中具有重要的意义，对于传统数据分析、机器学习及模型构建均能起到重要作用，它们可以帮助提取数据中的关键信息、降低数据的复杂度、提高模型性能和解释性，并减少过拟合的风险，从而为数据分析、机器学习和模型构建提供关键的支持和指导。具体来说，数据分析中的相关性分析可以发现不同变量之间的关联关系，揭示数据中的内在联系和模式。特征选择则可以过滤掉对分析结果贡献较小的特征，从而降低噪声的影响，使得分析结果更加准确。在机器学习中，特征选择在不改变原始特征的前提下减少数据维度，提高模型训练的效率，同时防止维度灾难的发生。在大规模数据集上的模型构建中，特征选择可以剔除无关特征，集中精力在最有价值的特征上，加快模型的训练和预测速度进而提高模型的性能。

相关性分析能够更好地理解数据中不同特征之间的关系，通过计算相关性能够更加深入地了解数据的内在结构。特征选择是从原始特征集中选择子集，以保留最相关或最具代表性的特征，而丢弃无关或冗余的特征。其目的是减少特征空间的维度，提高模型的效率和性能。特征选择有助于提高模型的解释性、泛化能力和效率，减少过拟合的风险，同时简化模型的复杂度。

1.3.1.1 相关性分析法

相关性分析方法分为线性相关性、非线性相关性、距离度量和相似性、因果关系四类，共包括以下 14 种方法：(1)皮尔逊相关系数[103]；(2)方差分析[104]；(3)互信息[105]；(4)卡方检验[106]；(5)斯皮尔曼相关系数[107]；(6)互信息增益率[108]；(7)最大信息系数[109]；(8)距离相关度[110]；(9)欧氏距离；(10)曼哈顿距离；(11)余项相似度；(12)汉明距离；(13)编辑距离[111]；(14)因果分析[112]。

1. 线性相关性分析方法

(1) 皮尔逊相关系数(pearson correlation coefficient)：衡量两个连续变量之间的线性相关性。它计算两个变量之间的协方差除以它们各自标准差的乘积。系数的取值范围在 -1 到 1 之间，越接近 1 表示正相关，越接近 -1 表示负相关，越接近 0 表示无相关。其计算公式如下：

$$r = \frac{\sum (x_i - \bar{x})(y_i - \bar{y})}{\sqrt{\sum (x_i - x)^2 \sum (y_i - y)^2}} \tag{1.1}$$

其中，r 为皮尔逊相关系数，x_i 为样本 x 中的第 i 个数据点，y_i 为样本 y 中的第 i 个数据点，分别为样本 x 与样本 y 的均值。在金融领域，可以用来分析不同股票之间的价格相关性，帮助投资者构建更加多样化的投资组合。在社交网络分析中，可以用于衡量不同用户之间的社交关系的相关性，帮助识别社交网络中的群组或社群。

(2) 方差分析(analysis of variance)：通过计算不同组之间的方差与组内方差之比，来确定是否存在显著差异。其计算公式如下：

$$F = \frac{MS_{\text{between}}}{MS_{\text{within}}} \tag{1.2}$$

其中，F 为方差分析的统计量，MS_{between} 表示组间内方差，MS_{iwithn} 表示组内均方差。在医学研究中，可以用于比较不同治疗组的疗效，如药物治疗的效果、不同手术方式的效果等。

2. 非线性相关性分析方法

(1) 互信息(mutual information)：适用于衡量两个变量之间的相关性和依赖程度。其计算公式如下：

$$I(X; Y) = \sum_{x \in X} \sum_{y \in Y} p(x, y) \log \frac{p(x, y)}{p(x)p(y)} \tag{1.3}$$

其中，$I(X; Y)$ 为随机变量 X 和 Y 之间的互信息，x、y 分别为随机变量 X 与 Y 的取值，$p(x, y)$ 表示 X 与 Y 的联合概率分布，$p(x)$ 为 X 的概率分布，$p(y)$ 为 Y 的概率分布。在自然语言处理领域，可以用于衡量文本之间的相关性，例如用于关键词抽取、文本相似性比较等任务。在遥感图像处理中，也可以用于评估不同波段之间的相关性，帮助特征提取和分类任务。

(2) 卡方检验(chi-square test)：用于衡量两个离散变量之间的相关性。其计算公式如下：

$$\chi^2 = \sum \frac{(O-E)^2}{E} \tag{1.4}$$

其中，χ^2 表示卡方检验的统计量，O 为观察频数，E 为期望频数。在市场调查中，可以用于研究不同人群对产品或服务的偏好，比如性别、年龄对产品喜好的关联程度。在生物信息学中，可以用于检验基因之间的关联性，帮助发现与特定疾病相关的基因。

（3）斯皮尔曼相关系数（spearman correlation coefficient）：用于衡量两个排名变量之间的相关性。它将原始数据转换为排序的排名数据，然后计算排名数据之间的皮尔逊相关系数。其计算公式如下：

$$\rho = 1 - \frac{6\sum d_i^2}{n(n^2-1)} \tag{1.5}$$

其中，ρ 为斯皮尔曼相关系数，d_i 是变量排序的差异。在社会科学研究中，可以用于衡量两个排名变量之间的相关性，例如学生的考试排名与学业成绩之间的关系。

（4）互信息增益率（mutual information gain ratio）：能够衡量两个变量之间的相关性和依赖程度。该方法基于信息论概念，用于计算两个变量联合分布和各自边缘分布之间的差异。其计算公式如下：

$$\text{GainRatio}(A) = \frac{I(\text{target}; A)}{H(A)} \tag{1.6}$$

其中，$\text{GainRatio}(A)$ 表示特征 A 的互信息增益率，$I(\text{target}; A)$ 表示特征 A 相对于目标变量的互信息，$H(A)$ 为特征 A 的信息熵。在文本分类中，可以用于特征选择，选择与文本类别相关性最高的词语作为特征，例如在情感分析中选择最能表示情感倾向的词语。

（5）最大信息系数（maximal information coefficient，MIC）：用于测量两个变量之间的任意形式的相关性，适用于线性与非线性之间的相关性计算。其计算公式如下：

$$\text{MIC}(X, Y) = \max_{\text{subsets}} A \subseteq X, B \subseteq Y \frac{I(A; B)}{\max(H(A), H(B))} \tag{1.7}$$

其中，$\text{MIC}(X, Y)$ 表示变量 X 和 Y 之间的最大信息系数，$I(A; B)$ 表示变量之间的互信息，$H(A)$ 表示变量 A 的信息熵。在环境科学中，可以用于研究气象因素之间的相关性，例如气温、湿度和降雨量之间的关联。

3. 距离度量和相似性分析方法

（1）距离相关度（Distance Correlation）：通常用于衡量多维数据之间的非线性相关性，解决高维数据最为有效，其计算公式如下：

$$\text{Distance Correlation} = \frac{DCov(X, Y)}{DCov(X, X) \cdot DCov(Y, Y)} \quad (1.8)$$

其中，Distance Correlation 表示距离相关度，$DCov(X, Y)$ 表示变量 X 和 Y 距离的协方差。在生物信息学中，可以用于研究基因表达数据之间的非线性相关性，发现在不同条件下基因表达的相关变化。

4. 因果关系分析方法

因果分析方法旨在确定变量之间的因果关系，即一个变量的变化是否导致另一个变量的变化，能够更好地理解事件之间的因果联系。

（1）Granger 因果分析[113]：用于时间序列数据，基于一个简单的理念，即如果一个时间序列的过去值对另一个时间序列的预测有帮助，那么它们之间可能存在因果关系。

（2）双重差分（difference-in-differences，DiD）[114]：用于评估政策或干预效果。通过比较接受干预和未接受干预的群体之间的差异，适用于估计干预的因果效应。

（3）倾向得分匹配（propensity score matching）[115]：能够有效地处理选择性偏差，通过将干预组和对照组进行匹配，以减少干预的影响，从而更准确地估计因果效应。

（4）因果图模型（causal graph models）[116]：采用有向无环图（DAG）来表示变量之间的因果关系，可以通过控制变量和回归分析来估计因果效应。

（5）因果推断（causal inference）方法[117]：包括断点回归、合成控制法等多种方法，用于在现实世界中通过观察数据来估计因果效应。

1.3.1.2 特征选择方法

常见的特征选择方法分为过滤式、包裹式及嵌入式三类，主要包括以下方法：（1）信息增益；（2）Relief 算法；（3）基于稳定选择特征的方法；（4）线性判别分析；（5）T 分布随机邻域嵌入；（6）基于稳定性选择的方法；（7）基于树的特征选择方法；（8）主成分分析；（9）Las Vegas Wrapper 方法。

数据表示与分析预测若干关键技术研究

1. 过滤式特征选择方法

（1）信息增益（information gain）[118]：通过计算特征对目标变量的不确定性减少量，来衡量特征的重要性，常用于决策树中的特征选择。在垃圾邮件分类中，可以根据信息增益选择最具有区分性的词语作为特征，帮助区分垃圾邮件和非垃圾邮件。

（2）Relief算法[119]：通过估计特征与目标变量之间的距离差异，选择重要特征用于分类器，常用于数据分类任务。在医学图像处理中，可以用于选择最能区分不同病变类型的图像特征，帮助医生进行疾病诊断和治疗计划。

（3）基于稳定选择特征的方法：包括LASSO（least absolute shrinkage and selection operator）[120]和Ridge回归[121]等，用于通过稀疏正则化来选择特征。在金融风控领域，可以用于选择最能预测违约风险的客户特征，帮助银行评估贷款申请的信用风险。

2. 包裹式特征选择方法

（1）线性判别分析（linear discriminant analysis，LDA）[122]：通过最大化类别间的距离和最小化类别内的距离，找到最能区分不同类别的特征，实现特征选择与降维。在图像识别中，可以使用LDA选择最能区分不同物体的特征，并降低图像特征的维度，从而提高识别准确率。

（2）T分布随机邻域嵌入（t-distributed stochastic neighbor embedding，T-SNE）[123]：它通过保持样本之间的局部相似性，将高维数据映射到二维平面，展示数据的聚类和分布情况，广泛应用于降维和可视化高维数据，呈现出数据的聚类和分布情况。在自然语言处理中，可以用于降维和可视化文本数据，帮助理解文本之间的相似性和差异。

（3）基于稳定性选择的方法[124]：通过在随机数据集上进行多次特征选择，选择出稳定出现在不同数据集中的特征。在生物信息学中，可以用于选择最能预测蛋白质结构的氨基酸特征，有助于理解蛋白质的功能和相互作用。

（4）基于树的特征选择方法[125]：通常利用决策树进行特征选择和重要性排序。在生态学研究中，可以用于选择最能区分不同植被类型的生态特征，帮助了解生态系统的结构和功能。

3. 嵌入式特征选择方法

(1) 主成分分析(principal component analysis, PCA)[126]: 通过找到数据中主要的方差方向,将高维数据映射到低维空间,同时保留尽可能多的信息。适用于降维和特征选择。在人脸识别中,可以利用 PCA 将高维的人脸图像特征转换为低维表示,加速图像处理任务,实现高效的人脸识别。

(2) Las Vegas Wrapper 方法[127]: 是一种特征选择策略,将特征选择与模型性能评估进行结合,在子集特征上进行交叉验证来选择最佳特征子集。Wrapper 方法与其他特征选择方法不同,它不仅考虑特征与目标变量的关联性,还考虑特征子集对模型性能的影响。Wrapper 方法能够构建更精准的分类模型,并用于预测新用户是否会购买该产品。

相关性分析与特征选择有助于深入理解数据的内在结构,从而更好地指导特征选择和数据建模,以提高机器学习和数据分析的效果。上述方法提供了更多的选择性和灵活性,以满足不同问题和数据集的需求。在应用特定的相关性分析和特征选择方法时,需要根据具体任务、数据类型和数据特点来选择最合适的方法。同时,也可以结合多种方法来获得更全面和更准确的特征选择结果。

1.3.2 数据分类技术

数据分类技术在机器学习和人工智能领域中具有重要的意义,可以帮助计算机自动从复杂的数据中学习规律和模式,并对大量数据进行分类,可以发现隐藏在数据中的有价值信息和模式,从而为决策提供参考并做出准确的分类决策。

数据分类技术是表示学习中常用的一种技术,用于将数据样本分为不同的类别。主要的分类技术可以分为传统机器学习分类方法与深度学习分类方法。传统机器学习中分类方法主要包括:(1) 逻辑回归(logistic regression);(2) 决策树(decision trees);(3) K 最近邻算法(K-nearest neighbors);(4) 朴素贝叶斯(naive bayes);(5) 支持向量机(support vector machines);(6) 线性判别分析(linear discriminant analysis, LDA);(7) 贝叶斯网络(bayesian networks);(8) 随机森林(random forest);(9) 支持向量机核方法(support vector machine kernels);(10)哈希学习(hashing-based learning)。深度学习分类方法中主要包括:(1)前馈神经网络;(2)卷积神经网络;(3)循环神经网络;(4)Transformer;(5)残差网络;(6)自编码器;(7)生成对抗网络;(8)迁移学习;(9)注意力机制;(10)梯度提升树(gradient boosting trees);(11)朴素贝叶斯支持向量机(naive bayes support vector machine);(12)强化学习(reinforcement learning)。

1. 传统机器学习分类方法

(1)逻辑回归[126]主要应用于二分类问题的线性模型。它将输入特征与权重相乘,并通过sigmoid函数将结果映射到0和1之间,表示样本属于某一类的概率。假设有一组学生数据,其中包括他们的学习时间和是否通过考试的标签(通过/不通过)。逻辑回归可以通过学习学习时间和考试结果之间的关系来预测其他学生是否会通过考试。

(2)决策树[128]以树状结构表示数据的分类过程,它通过选择最能区分不同类别的特征进行分割,形成一系列决策节点和叶节点。在一个水果分类问题中,根据水果的特征(颜色、大小、形状等)和它们的类别(苹果、橙子、香蕉等)进行分类,决策树则可以通过不断询问特征问题(例如"颜色是红色吗?")来将水果分为不同的类别。

(3)K最近邻算法[129]是根据数据样本的最近邻进行分类。它根据输入样本最接近的K个训练样本的类别进行投票来确定其分类。例如,在一个二维空间中,有不同颜色的点,K最近邻算法会根据某个点周围K个最近的点的颜色来判断该点的分类。

(4)朴素贝叶斯[118]是在假设特征之间相互独立的前提下基于贝叶斯定理来处理分类问题。例如在一个垃圾邮件分类问题中,朴素贝叶斯可以根据邮件中出现特定单词的概率来判断它是不是垃圾邮件。

(5)支持向量机[126]主要应用于寻找最优超平面,将数据分割成两个类别,并确保两类数据点距离超平面最远。

(6)线性判别[130]通过分析最大化类别之间的距离和最小化类别内部的散布,将数据投影到低维空间进行分类。在人脸识别技术中,LDA可以将高维的人脸图像数据投影到一个低维空间,使得同一个人脸样本更加接近,不同

第1章 数据表示与分析预测概述

人脸样本之间更加分开。

（7）贝叶斯网络[131]利用概率图模型表示变量之间的依赖关系，用于处理不确定性和推断问题。在医学诊断中，通常应用贝叶斯网络根据患者的症状和检测结果推断患者是否患有某种疾病。

（8）随机森林[132]是一种集成学习方法，通过构建多个决策树来进行分类。每棵树的结果投票决定最终分类。以医学数据集为例，其中包含患者的各种生物特征和他们是否患有某种疾病。随机森林则可以通过多个决策树的投票来预测患者是否患有该疾病。

（9）支持向量机核方法[133]是一类用于处理非线性分类问题的机器学习技术，当数据不是线性可分时，可以通过核函数将数据映射到高维空间，使其在高维空间中变得线性可分。这种核技术允许SVM处理更复杂的数据结构，扩展了SVM的应用范围。

（10）哈希学习[134]将数据映射到低维度的二进制编码，用于高效处理大规模数据集的分类问题。在实际中经常会面对大规模、高维的数据集，传统的机器学习算法在处理这些数据时可能面临存储和计算复杂性的问题，该方法能够很好地解决这个问题，并在低维空间中进行高效的数据分类和检索。

2. 深度学习分类方法

每种神经网络分类技术都有其独特的应用领域和优势，根据任务的需求和数据的性质，可以选择适合的技术来实现数据分类，下面简单介绍集中深度学习分类方法。

（1）前馈神经网络(feedforward neural networks)[135]是一种最基本的神经网络结构，由输入层、若干隐藏层和输出层组成。每个神经元接收上一层的输出并通过激活函数进行处理，最终生成输出结果。在医疗领域，可以使用前馈神经网络对医学图像进行分类，如进行X射线图像中的肺部疾病分类。

（2）卷积神经网络(convolutional neural networks，CNN)[136]专门用于处理具有网格结构(如图像)的数据。它使用卷积层来检测图像中的特征，池化层用于减少数据的维度，全连接层用于分类。卷积神经网络通常用于识别图像中的动物、交通标志或者人脸等任务。

（3）循环神经网络(recurrent neural networks，RNN)[137]适用于序列数据，

每个神经元会接收上一时间步骤的输出作为输入,可以捕捉时序信息。然而,传统的 RNN 存在梯度消失问题,LSTM 和 GRU 是它的变体,用于解决长距离依赖问题。在自然语言处理中,RNN 可以用于情感分析,判断文本的情感倾向。

(4) Transformer[138]通过引入自注意力机制,能够在输入序列中同时考虑不同位置的信息。它由编码器和解码器组成,在自然语言处理中得到广泛应用,如机器翻译、文本生成、问答系统等。

(5) 残差网络(residual networks,ResNet)[139]通过引入残差连接,允许神经网络更加深入。通过跳过层的操作,可以有效减少梯度消失问题,使网络更易于训练。ResNet 可以用于图像分类和目标检测等,由于能够识别更多复杂的图像特征,进而提高分类的准确性。

(6) 自编码器(autoencoders)[135]是一种无监督学习方法,通过将输入数据压缩为低维表示再进行解码,可以用于特征学习和降维。在图像处理中,自编码器可以学习压缩图像数据,用于图像压缩或异常检测。

(7) 生成对抗网络(generative adversarial networks,GAN)[140]包括生成器和判别器两个网络,它们相互竞争以生成逼真的数据。GAN 不仅可以生成数据,还可以用于分类任务。在半监督学习中,使用生成对抗网络可以利用未标记的数据提高分类性能。

(8) 迁移学习[141]即在大规模数据上预训练神经网络,然后在目标任务上进行微调,利用已有知识提高分类性能。迁移学习和预训练模型可以用于许多不同领域的分类任务。例如,使用预训练的语言模型可以实现更准确的文本分类。

(9) 注意力机制(attention mechanisms)[138]通过允许模型更关注输入数据的某些部分,从而提高任务性能。它在序列数据和自然语言处理任务中特别有用。在机器翻译中,注意力机制可以帮助模型更好地理解输入和输出之间的对应关系,实现更准确的翻译。

(10) 梯度提升树[142]是通过迭代地训练多个决策树,并根据上一个树的误差来调整下一个树的预测,逐步提高分类的准确性。在金融领域,梯度提升树可以用于预测客户是否有违约风险,通过多个树的组合来提高预测的准确性。

(11)强化学习[143]通过智能体与环境的交互,学习如何做出一系列动作来获得最大化的累积奖励,用于处理决策问题。在 AI 进行游戏训练时,强化学习可以训练智能体学会如何躲避障碍物和获得更高的游戏分数。

上述方法涵盖了机器学习和深度学习领域中常见的数据分类技术,在不同领域和问题中发挥着重要的作用。在实际应用中,根据具体的数据特点和任务要求,选择合适的分类方法十分重要。

1.3.3 数据聚类技术

数据聚类技术在表示学习中具有重要的意义,特别是在学习有意义和高效表示的过程中。表示学习的目标是学习数据的紧凑和有意义的表示,使得数据中的相关信息能够被保留下来。数据聚类技术可以帮助找出相似的数据点并将它们聚集在一起,从而帮助学习具有较高区分性和表现力的特征表示。

常见的聚类算法共有原型聚类(prototype-based clustering)、密度聚类(density-based clustering)及层次聚类(hierarchical clustering)三种。典型的分类方法主要包括以下 9 种:(1)K-Means 聚类;(2)高斯混合模型聚类;(3)非监督式深度聚类;(4)DBSCAN;(5)Mean Shift 聚类;(6)VAE;(7)AGNES 聚类;(8)DIANA;(9)GAN。

1. 原型聚类

原型聚类的本质是将数据样本划分为多个类别,每个类别都由一个或多个原型代表,这些原型可以是数据点本身,也可以是由数据点计算得出的代表。每个数据点被分配到最近的原型所代表的类别。

(1)K-Means 聚类[144]是一种常见的无监督学习聚类算法,它将数据点划分为 K 个簇,每个簇由其内部的数据点组成,使得每个数据点与其所属簇的质心(聚类中心)之间的距离最小化。在市场细分中,可以使用 K-Means 聚类算法将消费者划分为不同的群体,从而更好地了解不同群体的购买习惯和需求。

(2)高斯混合模型聚类(gaussian mixture model,GMM)[126]是一种概率模型,将数据点看作是由多个高斯分布组成的混合物。每个高斯分布代表一个簇，通过最大似然估计来学习每个簇的均值和协方差矩阵。

（3）非监督式深度聚类（unsupervised deep clustering）[145]通过端到端的训练实现数据的无监督聚类。常用的方法包括 DEC（deep embedded clustering）和 DCEC（deep clustering with convolutional autoencoders）等。它们将深度神经网络与传统聚类算法结合，提高了聚类的准确性和鲁棒性。在医学影像中，可以使用非监督式深度聚类方法将病例的影像数据聚类，帮助医生发现潜在的病变模式和疾病分类。

2. 密度聚类

密度聚类基于数据样本的密度来划分簇，该方法通过找出高密度区域，然后将低密度区域分隔开。数据点被分配到密度相邻的簇，从而可以处理各种形状的簇。

（1）DBSCAN（density-based spatial clustering of applications with noise）[146]是一种基于密度的聚类算法，能够识别具有相对较高密度的数据点，并将它们组成一个簇，同时将较低密度的数据点视为噪声。在地理信息系统（GIS）中，可以使用 DBSCAN 对地理坐标数据进行聚类，帮助识别空间上的热点区域。

（2）Mean Shift 聚类[147]是一种基于梯度的聚类方法，通过不断更新数据点的位置，将其移动到密度最大的区域，从而形成聚类。在计算机视觉中，Mean Shift 聚类可以用于图像分割，帮助识别图像中的不同物体和区域。

（3）VAE（variational autoencoder）[148]结合了自编码器和概率推断思想的生成模型，能够将数据点映射到潜在空间中，并学习潜在空间的分布。通过潜在空间的聚类，进而实现对数据的聚类。

3. 层次聚类

层次聚类将数据样本从一个全局的层次性结构开始逐步划分为多个子簇，直到每个簇只包含一个数据点为止。树状图（层次聚类的一个结果）可以可视化数据的层次结构。

（1）AGNES（agglomerative nesting）[149]是一种自底向上的层次聚类方法。该方法从每个数据点作为一个簇开始，然后逐步合并最近的簇，直到形成一个大的层次结构。合并的依据通常是两个簇之间的距离（通常使用单链接、完全链接等），这意味着 AGNES 适用于需要分析数据的层次性结构的情况。例如，在社交网络分析中，可以使用AGNES来识别不同层次的社群。

(2) DIANA(divisive analysis)[150]是一种自顶向下的层次聚类方法。该方法从将所有数据点作为一个簇开始，然后逐步将簇分割成更小的子簇，直到每个簇只包含一个数据点。分割的依据可以是簇内数据点之间的距离。DIANA适用于需要逐步划分数据点以获取更细粒度聚类信息的情况。例如，在图像分割中，可以使用DIANA来将图像中的物体分割成不同的部分。

(3) 生成对抗网络(generative adversarial network)[140]常用于生成模型的深度学习方法，而GAN聚类则是通过生成对抗网络将数据分布学习分为多个聚类。在无监督图像生成中，可以使用GAN聚类方法来生成具有多样性的图像样本，有助于提高生成模型的多样性和质量。

数据聚类技术在表示学习中具有重要的意义。它可以帮助学习有意义的特征表示、降低数据维度、提供数据可视化、学习潜在语义和预训练等。通过合理应用数据聚类技术，可以增强表示学习的能力，提高模型的性能和泛化能力，并且有助于在不同领域中更好地理解数据和挖掘数据的潜在信息。

1.3.4 数据预测技术

数据预测技术实际上是一种基于数据分析和统计学原理的方法，其核心思想是通过深入分析历史数据和现有信息来预测未来可能发生的事件、趋势或结果。数据预测技术的关键在于识别数据中的模式、规律和趋势，并利用这些信息构建数学模型或算法，以实现对未来的推断。现阶段，常见的数据预测技术有如下8种。

(1) 时间序列分析：这是一种专门用于处理时间序列数据的方法，通过分析数据的历史模式和趋势来预测未来的值。时间序列分析包括趋势分析、周期性分析和季节性分析等技术。例如，在金融领域，可以使用时间序列分析来预测股票价格的走势。

(2) 回归分析：回归分析是一种统计方法，用于建立自变量和因变量之间的关系，并通过这种关系来预测因变量的值。线性回归是回归分析的一种常见方法，但还有其他类型的回归分析，如多项式回归、岭回归等。回归分析广泛应用于价格预测、销售趋势分析等领域。

(3) 机器学习算法：机器学习算法包括许多不同的方法，如决策树、随机森林、支持向量机等。这些算法可以应用于分类和回归问题，用于预测离散变量的类别或连续变量的值。例如，在医学诊断中，可以使用机器学习算法来预测患者是否患有某种疾病。

（4）神经网络：神经网络是一种基于人脑神经元结构设计的模型，通过多层神经元相互连接来模拟学习过程。深度神经网络是一种特殊类型的神经网络，具有多个隐藏层，可以学习复杂的非线性关系。神经网络在图像识别、语音识别等领域表现出色。

（5）贝叶斯方法：贝叶斯方法是一种统计推断方法，基于贝叶斯定理，通过先验概率和观察到的数据来推断未知参数的后验概率分布。贝叶斯方法在医学诊断、信用评分等领域有广泛应用。

（6）聚类分析：聚类分析是一种无监督学习方法，用于将数据集中的样本划分为若干个类别或簇。聚类分析可以帮助发现数据中的潜在模式和结构，从而为未来的预测提供有用的信息。

（7）遗传算法：遗传算法是一种模拟自然选择和遗传机制的优化算法，通过模拟进化过程来寻找问题的最优解。遗传算法可以用于优化问题和参数优化，例如在工程设计和生产计划中的应用。

（8）模糊逻辑：模糊逻辑是一种处理模糊信息和不确定性的方法，它允许变量具有模糊的隶属度，而不是严格的真值。模糊逻辑可以应用于决策支持系统、控制系统等领域，帮助进行准确的预测和决策。

在实际应用中，数据预测技术对于企业和组织制定决策和规划至关重要。例如，在金融领域，银行可以利用数据预测技术评估客户的信用风险，以决定是否批准贷款申请；在销售和市场营销领域，企业可以利用数据预测技术预测产品需求量和销售趋势，从而制定更有效的营销策略；在物流领域，企业可以利用数据预测技术优化供应链管理，提高物流效率。

数据预测技术的应用范围极其广泛，几乎覆盖了各个行业和领域。通过对数据进行深入分析和挖掘，能够更好地理解和把握未来可能发生的情况，为组织的发展和决策提供重要的参考和支持。在当今信息爆炸的时代，数据预测技术已成为组织和企业不可或缺的重要工具之一。

1.4 本章参考文献

[1] HASTIE T, TIBSHIRANI R, FRIEDMAN J. The Elements of Statistical Learning[J]. AMSTAT news, 2009(Mar. TN. 381):2009.

[2] 窦万春. 大数据关键技术与应用创新[M]. 南京:南京师范大学出版社, 2020.

[3] HINTON G E, SALAKHUTDINOV R R. Reducing the dimensionality of data with neural networks[J]. Science, 2006, 313(5786):504-507.

[4] BENGIO Y, COURVILLE A, VINCENT P. Representation learning:A review and new perspectives[J]. IEEE transactions on pattern analysis and machine intelligence, 2013, 35(8):1798-1828.

[5] VINCENT P, LAROCHELLE H, BENGIO Y, et al. Extracting and composing robust features with denoising autoencoders[J]. In Proceedings of the 25th international conference on Machine learning, 2008, 1096-1103.

[6] LECUN Y, BOTTOU L, BENGIO Y, et al. Gradient-based learning applied to document recognition[J]. Proceedings of the IEEE, 1998, 86(11):2278-2324.

[7] BENGIO Y, COURVILLE E, VINCENT P, et al. Representation Learning:A Review and New Perspectives[J]. IEEE Transactions on Pattern Analysis & Machine Intelligence, 2013, 35(8):1798-1828.

[8] GROLEMUND G, WICKHAM H. R for Data Science:Import, Tidy, Transform, Visualize, and Model DataM]. O'Reilly Media, Inc. 2016.

[9] 陶皖. 云计算与大数据[M]. 西安:西安电子科技大学出版社, 2017.

[10] AGGARWAL C C, REDDY C K. Data Clustering:Algorithms and Applications [M]. Chapman & Hall/CRC, 2014.

[11] HASTIE T, TIBSHIRANI R, FRIEDMAN J. The Elements of Statistical Learning:Data Mining, Inference, and Prediction[J]. Springer Science & Business Media, 2009.

[12] AGGARWAL C C, REDDY C K. Data Clustering: Algorithms and Applications[M]. CRC Press, 2014.

[13] GELMAN A, CARLIN J B, STERN H S, et al. Bayesian Data Analysis[M]. CRC Press, 2013.

[14] MANNING C D, RAGHAVAN P, SCHüTZE H. Introduction to Information Retrieval[M]. Cambridge University Press, 2008.

[15] FRENCH, JORDAN . The time traveller´s CAPM[J]. Investment Analysts Journal, 2017, 46(2): 81 - 96. DOI: 10. 1080/10293523. 2016. 1255469. S2CID 157962452.

[16] GARDNER JR E S. Exponential smoothing: The state of the art[J]. Journal of forecasting, 1985, 4(1): 1 - 28.

[17] XIE N, LIU S. Discrete grey forecasting model and its optimization[J]. Applied mathematical modelling, 2009, 33(2): 1173 - 1186.

[18] JAMES G, WITTEN D, HASTIE T, et al. An introduction to statistical learning[M]. New York: springer, 2013.

[19] HOSMER JR D W, LEMESHOW S, STURDIVANT R X. Applied logistic regression[M]. John Wiley & Sons, 2013.

[20] LOH W Y. Classification and regression trees[J]. Wiley interdisciplinary reviews: data mining and knowledge discovery, 2011, 1(1): 14 - 23.

[21] JAIN A K, MURTY M N, FLYNN P J. Data clustering: a review[J]. ACM computing surveys (CSUR), 1999, 31(3): 264 - 323.

[22] GREENACRE M, GROENEN P J F, HASTIE T, et al. Principal component analysis[J]. Nature Reviews Methods Primers, 2022, 2(1): 100.

[23] HOCHREITER S, SCHMIDHUBER J. Long short - term memory[J]. Neural computation, 1997, 9(8): 1735 - 1780.

[24] WANG X, ZHU J X, XU Z , et al. Local Nonlinear Dimensionality Reduction via Preserving the Geometric Structure of Data [J]. Pattern Recognition, 2023, 143.

[25] TORGERSON W S. Multidimensional scaling: I. Theory and method[J].

Psychometrika, 1952, 17(4): 401-419.

[26] BORG I, GROENEN P J F. Modern multidimensional scaling: Theory and applications[M]. Berlin: Springer Science & Business Media, 2007.

[27] TENENBAUM J B, SILVA V D, LANGFORD J C. A global geometric framework for nonlinear dimensionality reduction[J]. Science, 2000, 290(5500): 2319-2323.

[28] ABDI H, WILLIAMS L J. Principal component analysis[J]. Wiley Interdisciplinary Reviews: Computational Statistics, 2010, 2(4): 433-459.

[29] MCLACHLAN G J. Discriminant Analysis and Statistical Pattern Recognition[M]. Hoboken: Wiley-InterScience, 2004.

[30] HASTIE T, TIBSHIRANI R., FRIEDMAN J. The Elements of Statistical Learning: Data Mining, Inference, and Prediction (2nd ed.)[M]. Berlin: Springer, 2009.

[31] LAURENS V D M. Accelerating t-SNE using Tree-based Algorithms[J]. Journal of Machine Learning Research, 2014, 15(1): 3221-3245.

[32] WATTENBERG M, FERNANDA V, JOHNSON I. How to use t-SNE effectively[J]. Distill, 2016, 1(10): e2.

[33] ZHANG L, WANG L. Manifold Learning with Tangent Space Alignment. In Proceedings of the 2004 IEEE Computer Society Conference on Computer Vision and Pattern Recognition: CVPR 2024, Washington D C USA, 27 June - 2 July 2004[M]. IEEE Computer Society, 2004: 535-542

[34] RUMELHART D E, HINTON G E, Williams R J. Learning representations by back-propagating errors[J]. Nature, 1986, 323(6088): 533-536.

[35] HINTON G E, SALAKHUTDINOV R R. Reducing the dimensionality of data with neural networks[J]. Science, 2006, 313(5786): 504-507.

[36] BENGIO Y, LAMBLIN P, POPOVICI D, et al. Greedy layer-wise training of deep networks[J]. In Advances in Neural Information Processing Systems (NIPS), 2007, 19: 153-160.

[37] VINCENT P, LAROCHELLE H, BENGIO Y, et al. Extracting and composing

robust features with denoising autoencoders[J]. In Proceedings of the 25th International Conference on Machine Learning (ICML), 2008, 1096-1103.

[38] KINGMA D P, WELLING M. Auto-Encoding Variational Bayes[J]. arXiv e-prints, 2013: 1312.

[39] CHEN X, LI X, LI Y, et al. InfoGAN: Interpretable representation learning by information maximizing generative adversarial nets[J]. In Advances in Neural Information Processing Systems (NIPS), 2016, 29, 2172-2180.

[40] 刘知远, 孙茂松, 林衍凯, 等. 知识表示学习研究进展[J]. 计算机研究与发展, 2016, 53(2): 247-261.

[41] RUMELHART D E, HINTON G E, WILLIAMS R J. Learning representations by back-propagating errors[J]. nature, 1986, 323(6088): 533.

[42] MORIN F, BENGIO Y. Hierarchical Probabilistic Neural Network Language Model[J]. Aistats, 2005, 246-252.

[43] MIKOLOV T, SUTSKEVER I, CHEN K, et al. Distributed representations of words and phrases and their compositionality[J]. Advances in neural information processing systems, 2013, 3111-3119.

[44] PENNINGTON J, SOCHER R, MANNING C. Glove: Global vectors for word representation.[J] Proceedings of the 2014 conference on empirical methods in natural language processing (EMNLP), 2014, 1532-1543.

[45] BOJANOWSKI P, GRAVE E, JOULIN A, et al. Enriching word vectors with subword information[J]. arXiv preprint, 2017, arXiv: 160704606.

[46] JI S, YUN H, YANARDAG P, et al. Wordrank: Learning word embeddings via robust ranking[J]. arXiv preprint 2015, arXiv: 150602761.

[47] LIU Q, JIANG H, WEI S, et al. Learning Semantic Word Embeddings based on Ordinal Knowledge Constraints[J]. ACL (1), 2015, 1501-1511.

[48] NGUYEN K A, WALDE S S I, VU N T. Integrating distributional lexical contrast into word embeddings for antonym-synonym distinction[J]. arXiv preprint, 2016, arXiv: 160507766.

[49] YU M, DREDZE M. Improving Lexical Embeddings with Semantic Knowledge[J]. ACL (2), 2014, 545-550.

[50] BIAN J, GAO B, LIU T Y. Knowledge-powered deep learning for word embedding[J]. Joint European Conference on Machine Learning and Knowledge Discovery in Databases, 2014, 132-148.

[51] XU C, BAI Y, BIAN J, et al. Rc-net: A general framework for incorporating knowledge into word representations[J]. Proceedings of the 23rd ACM International Conference on Conference on Information and Knowledge Management. ACM, 2014, p. 1219-1228.

[52] MANNING C D, RAGHAVAN P, SCHüTZE H. Introduction to information retrieval[M]. Cambridgeshire: Cambridge university press Cambridge, 2018.

[53] GABRILOVICH E, MARKOVITCH S. Computing Semantic Relatedness Using Wikipedia-based Explicit Semantic Analysis[J]. IJCAI, 2007, 1606-1611.

[54] GABRILOVICH E, MARKOVITCH S. Overcoming the Brittleness Bottleneck using Wikipedia: Enhancing Text Categorization with Encyclopedic Knowledge[C]. Proceedings of the Twenty-First National Conference on Artificial Intelligence, 2006.

[55] WANG P, DOMENICONI C. Building semantic kernels for text classification using wikipedia[C]//Knowledge Discovery and Data Mining. ACM, 2008. DOI: 10.1145/1401890.1401976.

[56] HU X, SUN N, ZHANG C, et al. Exploiting internal and external semantics for the clustering of short texts using world knowledge[C]. Proceedings of the 18th ACM conference on Information and knowledge management (CIKM 09). Hong Kong, China: ACM, 2009, p. 919-928.

[57] HILL F, CHO K, KORHONEN A, et al. Learning to understand phrases by embedding the dictionary[J]. arXiv preprint arXiv, 2015, 150400548.

[58] PACCANARO A, HINTON G E. Learning distributed representations of

concepts using linear relational embedding[J]. IEEE Transactions on Knowledge and Data Engineering, 2001, 13(2): 232 - 244.

[59] HILL F, CHO K, KORHONEN A. Learning distributed representations of sentences from unlabelled data[J]. arXiv preprint arXiv, 2016, 160203483.

[60] KALCHBRENNER N, GREFENSTETTE E, BLUNSOM P. A convolutional neural network for modelling sentences. arXiv preprint arXiv: 14042188 2014.

[61] LE Q, MIKOLOV T. Distributed representations of sentences and documents[C]. Proceedings of the 31st International Conference on Machine Learning (ICML - 14), 2014, p. 1188 - 1196.

[62] WANG S, TANG J, AGGARWAL C, et al. Linked document embedding for classification[C]. Proceedings of the 25th ACM International on Conference on Information and Knowledge Management, 2016, p. 115 - 124.

[63] CHEN M. Efficient vector representation for documents through corruption[J]. arXiv preprint arXiv: 170702377, 2017.

[64] PAGLIARDINI M, GUPTA P, JAGGI M. Unsupervised learning of sentence embeddings using compositional n - gram features[J]. arXiv preprint arXiv: 170302507, 2017.

[65] MIKOLOV T, CHEN K, CORRADO G, et al. Efficient estimation of word representations in vector space [J]. arXiv preprint, 2013, arXiv: 13013781.

[66] KIROS R, ZHU Y, SALAKHUTDINOV R R, et al. Skip - thought vectors[J]. Advances in neural information processing systems, 2015, 3294 - 3302.

[67] WIETING J, BANSAL M, GIMPEL K, et al. Towards universal paraphrastic sentence embeddings[J]. arXiv preprint arXiv: 151108198, 2015.

[68] LAU J H, BALDWIN T. An empirical evaluation of doc2vec with practical insights into document embedding generation[J]. arXiv preprint arXiv: 160705368, 2016.

[69] TANG J, QU M, MEI Q. Pte: Predictive text embedding through large - scale

heterogeneous text networks[C]. Proceedings of the 21th ACM SIGKDD International Conference on Knowledge Discovery and Data Mining, 2015, p. 1165-1174.

[70] PEROZZI B, AL-RFOU R, SKIENA S. Deepwalk: Online learning of social representations[C]. Proceedings of the 20th ACM SIGKDD international conference on Knowledge discovery and data mining, 2014, p. 701-710.

[71] GROVER A, LESKOVEC J. node2vec: Scalable feature learning for networks[C]. Proceedings of the 22nd ACM SIGKDD international conference on Knowledge discovery and data mining, 2016, p. 855-864.

[72] DONG Y, CHAWLA N V, SWAMI A. metapath2vec: Scalable representation learning for heterogeneous networks[C]. Proceedings of the 23rd ACM SIGKDD International Conference on Knowledge Discovery and Data Mining, 2017, p. 135-144.

[73] YANG C, LIU Z, ZHAO D, et al. Network Representation Learning with Rich Text Information[J]. IJCAI, 2015, p. 2111-2117.

[74] AHMED A, SHERVASHIDZE N, NARAYANAMURTHY S, et al. Distributed large-scale natural graph factorization[C]. Proceedings of the 22nd international conference on World Wide Web, 2013, p. 37-48.

[75] WANG X, CUI P, WANG J, et al. Community Preserving Network Embedding[J]. AAAI, 2017, p. 203-209.

[76] TU C, ZHANG W, LIU Z, et al. Max-Margin DeepWalk: Discriminative Learning of Network Representation[J]. IJCAI, 2016, p. 3889-3895.

[77] 孙晓飞, 丁效, 刘挺. 用户表示方法对新浪微博中用户属性分类性能影响的研究[J]. 中文信息学报, 2018.

[78] TU K, CUI P, WANG X, et al. Structural Deep Embedding for Hyper-Networks[J]. arXiv preprint arXiv: 171110146, 2017.

[79] BARKAN O, KOENIGSTEIN N. Item2vec: neural item embedding for collaborative filtering[C]. Machine Learning for Signal Processing (MLSP), 2016 IEEE 26th International Workshop on, 2016, p. 1-6.

[80] WANG S, TANG J, AGGARWAL C, et al. Signed network embedding in social media[C]. Proceedings of the 2017 SIAM International Conference on Data Mining, 2017, p. 327 - 335.

[81] TANG J, QU M, WANG M, et al. Line: Large - scale information network embedding[C]. Proceedings of the 24th International Conference on World Wide Web; 2015: International World Wide Web Conferences Steering Committee, 2015, p. 1067 - 1077.

[82] TU C, LIU H, LIU Z, et al. Cane: Context - aware network embedding for relation modeling [C]. Proceedings of the 55th Annual Meeting of the Association for Computational Linguistics (Volume 1: Long Papers), 2017, p. 1722 - 1731.

[83] SUN X, GUO J, DING X, et al. A General Framework for Content - enhanced Network Representation Learning [J]. arXiv preprint arXiv: 161002906, 2016.

[84] ZHANG D, YIN J, ZHU X, et al. User profile preserving social network embedding[C]. Proceedings of the 26th International Joint Conference on Artificial Intelligence; 2017: AAAI Press; 2017, p. 3378 - 3384.

[85] PAN S, WU J, ZHU X, et al. Tri - party deep network representation[J]. Network, 2016, 11(9): 12.

[86] HUANG X, LI J, HU X. Label informed attributed network embedding[J]. Proceedings of the Tenth ACM International Conference on Web Search and Data Mining, 2017, p. 731 - 739.

[87] 吴信东, 李毅, 李磊. 在线社交网络影响力分析[J]. 计算机学报, 2014, 4: 002.

[88] 方滨兴. 在线社交网络分析[M]. 北京: 电子工业出版社, 2014.

[89] 张彦超, 刘云, 张海峰, 等. 基于在线社交网络的信息传播模型[J]. 物理学报, 2011, 60(5): 50501 - 050501.

[90] TU C, ZHANG Z, LIU Z, et al. TransNet: translation - based network representation learning for social relation extraction [J]. Proceedings of International Joint Conference on Artificial Intelligence (IJCAI),

[91] LAO N, COHEN W W. Relational retrieval using a combination of path-constrained random walks[J]. Machine learning, 2010, 81(1): 53-67.

[92] LAO N, MITCHELL T, COHEN W W. Random walk inference and learning in a large scale knowledge base[J]. Proceedings of the Conference on Empirical Methods in Natural Language Processing; 2011: Association for Computational Linguistics; 2011, p. 529-539.

[93] BORDES A, USUNIER N, GARCIA-DURAN A, et al. Translating embeddings for modeling multi-relational data[J]. Advances in neural information processing systems, 2013, 2787-2795.

[94] WANG Z, ZHANG J, FENG J, et al. Knowledge Graph Embedding by Translating on Hyperplanes[C]//National Conference on Artificial Intelligence. AAAI Press, 2014. DOI: 1112-1119.

[95] LIN Y, LIU Z, SUN M, et al. Learning entity and relation embeddings for knowledge graph completion[J]. AAAI, 2015, 2181-2187.

[96] JI G, HE S, XU L, et al. Knowledge graph embedding via dynamic mapping matrix[C]. Proceedings of the 53rd Annual Meeting of the Association for Computational Linguistics and the 7th International Joint Conference on Natural Language Processing (Volume 1: Long Papers), 2015, p. 687-696.

[97] JI G, LIU K, HE S, et al. Knowledge Graph Completion with Adaptive Sparse Transfer Matrix[J]. AAAI, 2016, p. 985-991.

[98] XIAO H, HUANG M, HAO Y, et al. TransA: An adaptive approach for knowledge graph embedding[J]. arXiv preprint arXiv: 150905490, 2015.

[99] XIAO H, HUANG M, ZHU X. TransG: A generative model for knowledge graph embedding[C]. Proceedings of the 54th Annual Meeting of the Association for Computational Linguistics (Volume 1: Long Papers); 2016; 2016. p. 2316-2325.

[100] HE S, LIU K, JI G, et al. Learning to represent knowledge graphs with gaussian embedding[C]. Proceedings of the 24th ACM International on Conference on Information and Knowledge Management; 2015: ACM; 2015.

p. 623 – 632.

[101] LIN Y, LIU Z, LUAN H, et al. Modeling relation paths for representation learning of knowledge bases[J]. arXiv preprint arXiv: 150600379, 2015.

[102] NICKEL M, ROSASCO L, POGGIO T A. Holograsphic Embeddings of Knowledge Graphs[J]. AAAI, 2016, p. 1955 – 1961.

[103] PEARSON K. Mathematical contributions to the theory of evolution. VII. On the correlation of characters not quantitatively measurable[J]. Philosophical Transactions of the Royal Society A: Mathematical, Physical and Engineering Sciences, 1896, 187(0): 253 – 318.

[104] FISHER R A. The logic of inductive inference[J]. Journal of the Royal Statistical Society, 1935, 98(1): 39 – 82.

[105] COVER T M, THOMAS J A. Elements of Information Theory[J]. John Wiley & Sons, 2006.

[106] PEARSON K. On the criterion that a given system of deviations from the probable in the case of a correlated system of variables is such that it can be reasonably supposed to have arisen from random sampling[J]. Philosophical Magazine Series 5, 1900, 50(302): 157 – 175.

[107] SPEARMAN C. The proof and measurement of association between two things [J]. The American Journal of Psychology, 1904, 15(1), 72 – 101.

[108] KONONENKO I, BRATKO I. Information – based evaluation criterion for classifier's performance[J]. Machine Learning: Proceedings of the European Conference on Machine Learning, 1991, 1 – 12.

[109] RESHEF D N, RESHEF Y A, FINUCANE H K, et al. Detecting novel associations in large data sets[J]. Science, 2011, 334(6062): 1518 – 1524.

[110] SZéKELY G J, RIZZO M L. (2007). Testing for equal distributions in high dimension[J]. InterStat, 2007, 8(2): 1 – 9.

[111] NAVARRO G. A guided tour to approximate string matching[J]. ACM Computing Surveys (CSUR), 2001, 33(1): 31 – 88.

[112] PEARL J. Causality: models, reasoning, and inference[M]. Cambridge:

Cambridge University Press, 2000.

[113] GRANGER C W. Investigating causal relations by econometric models and cross-spectral methods[J]. Econometrica, 1969, 37(3): 424-438.

[114] CARD D, KRUEGER A B. Minimum wages and employment: A case study of the fast-food industry in New Jersey and Pennsylvania[J]. American Economic Review, 1994, 84(4): 772-793.

[115] ROSENBAUM P R, RUBIN D B. The central role of the propensity score in observational studies for causal effects[J]. Biometrika, 1983, 70(1): 41-55.

[116] PEARL J. Causality: models, reasoning, and inference[M]. Cambridge: Cambridge University Press, 2000.

[117] HERNaN M A, ROBINS J M. Causal Inference[J]. Chapman and Hall/CRC, 2020.

[118] WITTEN I H, FRANK E, HALL M A. Data Mining: Practical Machine Learning Tools and Techniques[M]. Morgan Kaufmann, 2016.

[119] KIRA K, RENDELL L A. A Practical Approach to Feature Selection[J]. ICML, 1992.

[120] TIBSHIRANI R. Regression Shrinkage and Selection via the LASSO[J]. Journal of the Royal Statistical Society: Series B, 1996, 58(1): 267-288.

[121] HOERL H, KENNARD R. Ridge Regression: Biased Estimation for Nonorthogonal Problems[J]. Technometrics, 1970, 12(1): 55-67.

[122] FISHER R A. The Use of Multiple Measurements in Taxonomic Problems[J]. Annals of Human Genetics, 2012, 7(7): 179-188. DOI: 10.1111/j.1469-1809.1936.tb02137.x.

[123] MAATEN L V D, POSTMA E, HERIK J V D. Dimensionality reduction: A comparative review[J]. Journal of Machine Learning Research, 2009, 10: 66-71.

[124] LIU T, LIU Z, ZHANG Z, et al. Stability Selection for Feature Selection[J]. Statistics and Its Interface, 2014, 7(3): 349-360.

[125] BREIMAN L. Random Forests[J]. Machine Learning, 2001, 45(1):

5–32.

[126] BISHOP C M. Pattern Recognition and Machine Learning [J]. Springer, 2006.

[127] KOHAVI R, JOHN G H. Wrappers for Feature Subset Selection [J]. Artificial Intelligence, 1997, 97(1–2): 273–324.

[128] HASTIE T, TIBSHIRANI R, FRIEDMAN J. The Elements of Statistical Learning: Data Mining, Inference, and Prediction [J]. Springer, 2009.

[129] COVER T, HART P. Nearest neighbor pattern classification [J]. IEEE Transactions on Information Theory, 2003, 13(1): 21–27. DOI: 10.1109/TIT. 1967. 1053964.

[130] FISHER R A. The Use of Multiple Measurements in Taxonomic Problems [J]. Annals of Eugenics, 1936.

[131] HECKERMAN D. A Tutorial on Learning With Bayesian Networks [J]. Microsoft Research, 1995.

[132] BREIMAN L. Random Forests [J]. Machine Learning, 2001, 45(1): 5–32.

[133] SCHÖLKOPF B, SMOLA A J. Learning with Kernels: Support Vector Machines, Regularization, Optimization, and Beyond [J]. MIT Press, 2001.

[134] PRABHU N K, JEGOU , LECUN Y. Learning to Hash for Indexing Big Data: A Survey [J]. Proceedings of the IEEE, 2016, 104(1): 34–57.

[135] GOODFELLOW I, BENGIO Y, COURVILLE A. Deep Learning [J]. MIT Press, 2016.

[136] LECUN Y, BENGIO Y, HINTON G. Deep Learning [J]. Nature, 2015, 521(7553): 436–444.

[137] SCHMIDHUBER J. Deep Learning in Neural Networks: An Overview [J]. Neural Networks, 2015, 61: 85–117.

[138] VASWANI A, SHAZEER N, PARMAR N, et al. Attention Is All You Need [J]. NeurIPS, 2017.

[139] HE K, ZHANG X, REN S, SUN J. Deep Residual Learning for Image Recognition [J]. CVPR, 2016.

[140] GOODFELLOW I, POUGET–ABADIE J, MIRZA M, et al. Generative

adversarial nets[J]. In Advances in neural information processing systems，2014，2672-2680).

[141] PAN S, YANG Q. A Survey on Transfer Learning[J]. IEEE Transactions on Knowledge and Data Engineering, 2009, 22(10): 1345-1359.

[142] FRIEDMAN J H. Greedy Function Approximation: A Gradient Boosting Machine[J]. Annals of Statistics, 2001, 29(5): 1189-1232.

[143] SUTTON R S, BARTO A G. Reinforcement Learning: An Introduction[J]. MIT Press, 2018.

[144] HARTIGAN J A, WONG M A. Algorithm AS 136: A K-Means Clustering Algorithm[J]. Applied Statistics, 1979, 28(1), 100-108.

[145] ZHANG H, CISSE M, DAUPHIN Y N, et al. Clustering with Deep Learning: Taxonomy and New Methods[J]. 2018, arXiv: 1801.07648.

[146] ESTER M, KRIEGEL H P, SANDER J, et al. A Density-Based Algorithm for Discovering Clusters in Large Spatial Databases with Noise [J]. KDD, 1996.

[147] COMANICIU D, MEER P. Mean Shift: A Robust Approach toward Feature Space Analysis[J]. IEEE Transactions on Pattern Analysis and Machine Intelligence, 2002, 24(5): 603-619.

[148] KINGMA D P, WELLING M. Auto-Encoding Variational Bayes[J]. ICLR, 2014.

[149] KAUFMAN M, ROUSSEEUW P J. Finding Groups in Data: An Introduction to Cluster Analysis[J]. Wiley, 2009.

[150] MIRKIN B. Mathematical Classification and Clustering[J]. Kluwer Academic Publishers, 1996.

[151] PROVOST F, FAWCETT T. Data Science for Business: What you need to know about data mining and data-analytic thinking[J]. O'Reilly Media, Inc. 2013.

[152] MNIH V, KAVUKCUOGLU K, SILVER D, et al. Human-level control through deep reinforcement learning[J]. Nature, 2015, 518(7540), 529-533.

第 2 章
基于概念的社交网络话题文本表示模型

在新闻、博客等传统应用中，文本通常较长，表现出长文本特性，通常使用词袋模型（bag of words）来表示长文本。而在社交网络、电子商务网站、即时通信等应用中，用户发表的文字往往较短，如在推特、新浪微博等应用中，用户发表的文字内容被限定在 140 个字以内，社交网络的短文本特性对文本表示模型提出了挑战。相比于传统长文本，短文本对文本表示模型提出了以下挑战：(1)传统长文本中词汇的上下文信息较多，提供了对词汇进行消歧义、理解词汇语义所需的背景知识，而在短文本中，文本的上下文信息非常少，难以准确理解词汇语义；(2)传统长文本表示模型通常是基于词汇的共现关系进行文本语义相似度计算，而在短文本中，文本表示向量中词汇的显示共现较少，难以基于词汇的共现关系进行短文本的语义相似度计算。

本章针对社交网络话题文本的短文本特性，提出了一种基于知识库概念的短文本表示模型，并在文本分类应用中验证了模型的性能。本章以知识库维基百科为例进行研究。维基百科是世界最大的用户自由协同编辑的在线多语言百科全书，提供了理解世界的丰富背景知识，对帮助理解短文本语义内容具有重要意义。首先，在维基百科的文档上建立"词语—概念"倒排索引；其次，基于维基百科的"词语—概念"倒排索引将文本表示为基于维基百科概念的向量；再次，基于维基百科概念之间的链接关系计算各个概念之间的语义相似度并构建概念的语义矩阵；最后，基于语义矩阵增强基于维基百科概念向量的语义。在文本分类应用的多个数据集上的实验显示，本章提出的文本表示模型比传统的词袋模型更好。

本章内容如下：2.1 节介绍研究动机，2.2 节介绍本章提出的基于维基百科概念的文档表示模型，2.3 节在文本分类应用中对本章提出的模型进行评价，2.4 节总结本章的内容。

2.1 研究动机

文本表示模型是自然语言处理、文本挖掘等技术的关键基础技术之一，文本表示模型主要有布尔模型、概率模型、N-gram 模型和词袋模型（向量空间模型）。近年来，随着社交网络应用如微博、电子商务网站、即时通信系统等的飞速发展，海量的短文本信息在网络中出现，影响了信息检索、文本分类聚类等文本处理系统的性能，短文本表示模型成为自然语言处理、信息检索等领域研究的重要内容。由于短文本中缺少上下文背景信息，基于外部知识库中丰富背景知识的方法应运而生，如 Urena 等人[1]利用 WordNet[2]中的语义知识有效提高了文本分类和词语消歧义的性能，Gabrilovich 和 Markovitch[3]将文本表示为维基百科的向量并以此计算文本之间的语义相似度。

最著名的外部知识库有维基百科、普林斯顿大学的 WordNet[2]、CYC 的常识知识库[4]、加州大学的 Framenet[5]、Open Directory Project（ODP）和日本的 EDR 词典[6]等，中文的外部知识库有董振东的 HowNet[7]和北京大学的现代汉语语义词典[8]等。维基百科是当前世界上最大的多语言百科全书，其内容由来自世界范围内的志愿者合作编辑而成，其从 2001 年创立以来得到了飞速的发展，目前此项目共包含 3 000 多万个概念及其解释文档[9]。近年来，越来越多的研究者开始使用维基百科中丰富的人类知识来促进自然语言处理、文本挖掘等语义挖掘技术的发展。在维基百科中，一个概念通常是其解释文档的标题（同义词会被重定向到同一解释文档）。概念的解释文档会使用其他概念来对其进行解释，维基百科采用超链接的方式将这些互相解释的概念连接起来，形成了概念之间的语义关系图。如图 2.1 中的概念"安徽"，其被"中华人民共和国""一级行政区"和"合肥市"等概念解释。据我们对 2012 年 9 月 2 日发布的英文版维基百科的统计，在概念间的语义关系图中每个概念的平均出度和入度都是39.6，即每一个概念平均使用39.6个概念来解释它，而且每一个概念平均有39.6次被用于解释其他概念。

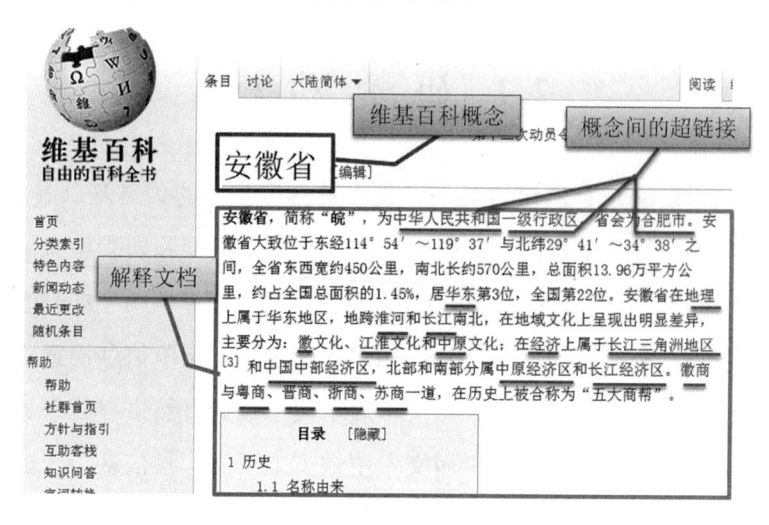

图2.1 维基百科概念解释文档页面示意图

很多学者尝试使用外部知识库的方法来给短文本中增加背景语义知识以提高如文本分类[10-14]、文本聚类[15-17]等文本挖掘任务的性能，最常见的方式是在短文本中匹配外部知识库中的概念，然后利用外部知识库中概念的语义信息给短文本增加背景知识。这种方式有两种方法：一种是用知识库中的概念替代原始文本中的词语，如Vitale等人[13,18]用维基百科中的概念表示文本内容来提高短文本分类的性能，Huang等人[20]将文档中的词语和词组替换为维基百科中的概念来提高文本聚类的性能；另一种是将知识库中的概念添加到原始文本中以增强语义，如Gabrilovich等人[10,14]将ODP和维基百科中的概念添加到文本中以提高文本分类的性能，Wang等人[11]构建维基百科概念的语义内核（sema-ntic kernel）来提高文本分类的精度。两种方法都有一定的缺陷，第一种方法有可能改变原始文档的语义，而第二种方法有可能增加噪声。

传统的词袋模型基于词汇之间的共现关系来计算文档之间的语义相关度，忽略了词汇与词汇之间的语义关系，因为在传统方法中，词汇与词汇之间的语义关系难以计算。维基百科由于概念之间通过超链接相互连接而形成了概念之间的语义关系图，因此概念之间的语义关系可以通过此语义关系图进行计算。Wang 等人[11]通过计算维基百科概念之间的语义关系来增强文本的语义，实验发现此方法提高了文本分类的性能。本章采用维基百科的概念代替原始文本中词语的方法，然后计算各个概念之间的语义关系以增强文本的语义，在长文本和短文本分类应用中验证本文方法的有效性。

2.2 基于维基百科概念的文档表示模型

本节将介绍基于维基百科概念的文档表示模型，其框架如图 2.2 所示。其基本步骤如下：(1)对于任何一个文本，将文本用词袋模型进行表示；(2)在维基百科概念的解释文档上建立倒排索引；(3)基于第二步建立的倒排索引，将词袋模型表示的文本用维基百科的概念向量表示；(4)使用新西兰怀卡托大学 Milne 等人[21]提出的 WLM 算法计算维基百科概念间的语义相似度并构建语义矩阵；(5)对第三步中表示文本的维基百科概念向量使用语义矩阵增强其语义，得到语义增强后的维基百科概念向量，语义增强后的文本表示向量可以应用在文本分类、文本聚类等文本挖掘、自然语言处理应用中。

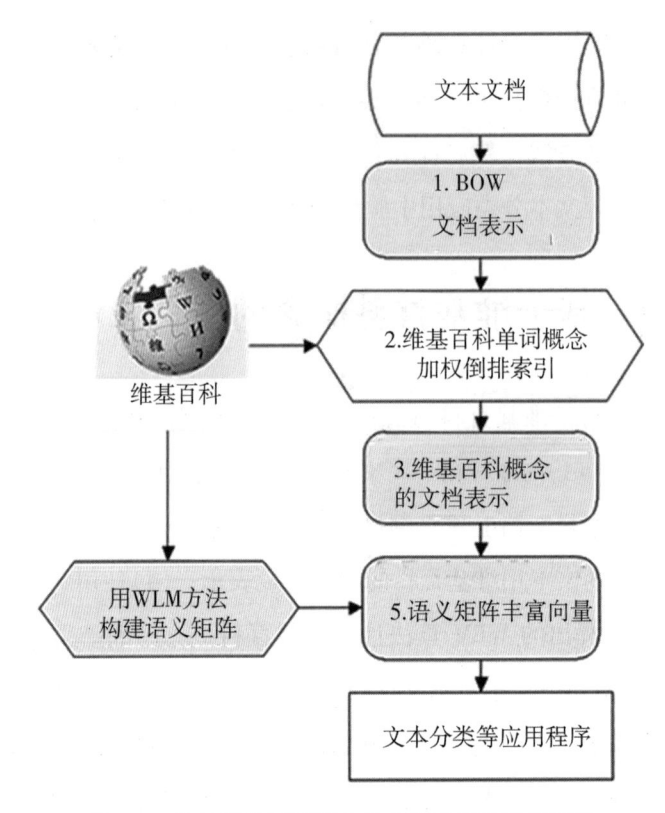

图2.2 基于维基百科概念的文档表示模型框架图

2.2.1 文本的词袋模型表示

对于一篇文档 d，类似于词袋模型，如式(2.1)所示，将其表示为单词的向量，

$$vec_{word} = (tf(w_1), tf(w_2), \cdots, tf(w_n)) \in R^D \# \quad (2.1)$$

其中，$tf(w_i)(i \in \{1, 2, \cdots, n\})$ 是单词 w_i 的词频 TF(term frequency)，n 表示数据集中字典的大小。$w_i(i \in \{1, 2, \cdots, n\})$ 的词频通过公式 $tf(w_i) = \text{Num}(w_i) / \sum_{i=1}^{n} \text{Num}(w_i)$ 进行计算，其中 Num_{wi} 表示词语 w_i 在文档 d 中出现的次数。由于社交网络中短文本的数量特别巨大，在计算过程中不计算单词或维基百科概念出现的反文件频率 IDF(inverse document fr-equency)。

2.2.2 倒排索引

维基百科对于每一个概念都有一篇文档来解释，本章实验中利用的是

第 2 章　基于概念的社交网络话题文本表示模型

2012 年 9 月 2 日发布的英文版维基百科,其中共有 4 090 633 篇概念解释文档。由于一个单词可能出现在多个维基百科概念的解释文档中,所以在倒排索引中,一个单词和多个概念相关,其示意图如图 2.3 所示。在构建倒排索引时,删除常用的停用词,并使用"Lucene Snowball"来将词语的单复数、时态的改变等归一化为同一个单词。采用 TF-IDF 方法计算倒排索引中单词与概念之间的相关度,如果用 $rel_{c_j}^{w_i}$ 表示单词 w_i 与维基百科概念 c_j 之间的相关度,那么 $rel_{c_j}^{w_i}$ 可以用式(2.2)表示。

$$rel_{c_j}^{w_i} = tf_{\text{article}(c_j)}(w_i) \cdot idf(w_i) \# \qquad (2.2)$$

其中,article(c_j)是概念 c_j 的解释文档,$tf_{\text{article}(c_j)}(w_i)$ 是单词 w_i 在解释文档 article(c_j)中的词频 TF,即 $tf_{\text{article}(c_j)}(w_i) = \text{Num}(w_i)/\text{Num}(\text{article}(c_j))$,其中 Num($w_i$)是 w_i 在解释文档 article(c_j)中出现的次数,Num(article(c_j))是解释文档中的单词总数。$idf(w_i)$ 是单词 w_i 在所有维基百科解释文档的反文档频率 IDF,即 $idf(w_i)) = \log(\text{AllArticles}/\text{Number}(w_i))$,其中 Number($w_i$)是指单词 w_i 出现在 Number(w_i)篇解释文档中,AllArticles 指的是维基百科解释文档的总数。

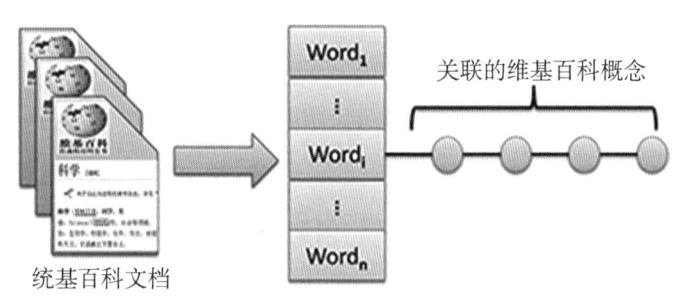

图 2.3　倒排索引示意图

删除在所有解释文档中出现次数小于 5 次的单词,因为维基百科文档是人工协同编写的,有可能出现拼写错误。在倒排索引中,共有 1 739 060 个单词,词汇表如此巨大,几乎覆盖了所有可能出现的单词。删除单词与维基百科概念语义相关度小于 0.01 的关系。

2.2.3　文本的维基百科概念表示方法

文本的词袋模型表示如式(2.1)所示,基于维基百科解释文档的倒排索引在2.2.2节中进行了描述，本小节将描述如何利用倒排索引将文本用维基百科的概念进行表示。图2.4显示了词袋模型的文本向量转换为维基百科概念向量的过程。

WORD	WEIGHT
Word₁	tf₁
Word₂	tf₂
Word₃	tf₃
Word₄	tf₄
...	...
Wordₖ	tfₖ

文档的词带模型

WORD	CONCEPT	WEIGHT
Word₁	Concept₁	rel_1^1
Word₁	Concept₂	rel_1^2
...	...	...
Word₁	Conceptᵢ	rel_i^l
...	...	...
Wordₙ	Conceptₘ	rel_n^m

语义矩阵

Concept	WEIGHT
Concept₁	weight₁
Concept₂	weight₂
Concept₃	Weight₃
Concept₄	Weight₄
...	...
Conceptₖ	weightₖ

文档的维基百科概念表示方法

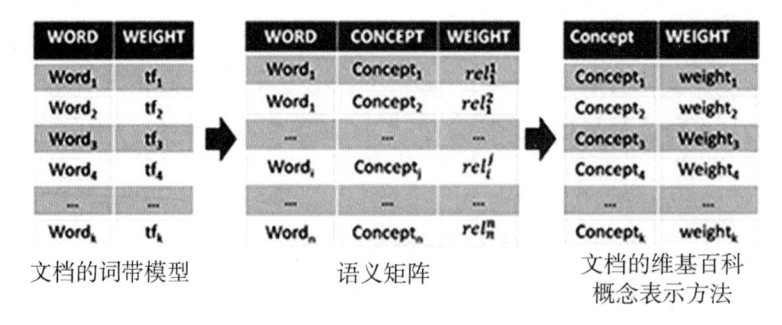

图2.4 词袋模型的文本向量转换为维基百科概念向量的过程

对于倒排索引中的一个单词 $w_i(i \in \{1, 2, \cdots, n\})$，假定 $S(w_i)(i \in \{1, 2, \cdots, n\})$ 是倒排索引中所有与其相关的维基百科概念的集合。为了提高模型的效率和性能，对于每一个 w_i，只选取集合 $S(w_i)(i \in \{1, 2, \cdots, n\})$ 中的前 k 个概念。k 值的选定通常是实验分析得到的经验性结果，如果 k 值太小，一些重要的概念将被忽略，如果 k 值太大，将会引入很多噪声。我们在文本数据集"Reuters-21578""Movie Reviews"和短文本数据集"G-oogle Snippets""Reuters-21578"上实验了不同的 k 值选择对文本分类应用的影响，发现在长文本数据集中 k 值被设定为5和在短文本数据集上 k 值被设定为10时算法性能达到最优。因此在本小节中，根据经验在所有长文本实验中设定 $k = 5$，在所有短文本实验中设定 $k = 10$。采用 $\bigcup_{i=1}^{n} S(w_i)$ 表示所有维基百科概念的集合，那么文档 d 可以被表示为如式(2.3)所示的向量，

$$vec_{concept} = (weight(c_1), weight(c_2), \cdots, weight(c_m)) \quad (2.3)$$

其中，$c_j \in \bigcup_{i=1}^{n} S(w_i)(j \in \{1, 2, \cdots, m\})$，$weight(c_j)(j \in \{1, 2, \cdots, m\})$ 是概念 $c_j(j \in \{1, 2, \cdots, m\})$ 在维基百科概念向量中的权值。本章采用式(2.4)计算概念 c_j 在文档 d 向量中的权值 $weight(c_j)$，它是文档 d 中的单词 w_i 的词频 $tf(w_i)(i \in \{1, 2, \cdots, n\})$ 和 w_i 与倒排索引中的概念的相关度 $r_{c_j}^{w_i}$ 的乘积之和。

第 2 章　基于概念的社交网络话题文本表示模型

$$weight(c_j) = \sum_{i=1}^{n} tf(w_i) \cdot r_{c_j}^{w_i} \tag{2.4}$$

其中，$r_{c_j}^{w_i}$ 的定义在式(2.2)中。例如，对于一个短文本 d："Machinelearning is a branch of artificial intelligence"，发现单词 machine、leaning、artificial 和 intelligence 都与维基百科的概念 Machine Learning 有关，为了计算概念"Machine Learning"在文档 d 的维基百科概念向量中的权值，首先计算单词 machine、leaning、artificial 和 intelligence 在文档 d 中的词频，然后使用式(2.2)计算此四个单词与维基百科概念"Machine learning"之间的语义相关度。最后 $weight(\text{'Machinelearning'}) = tf(\text{'machine'}) r_{\text{Machine learning'}}^{\text{machine'}} + tf(\text{'learning'}) r_{\text{Machine learning'}}^{\text{learning'}} + tf(\text{'artificial'}) r_{\text{Machine learning'}}^{\text{artificial'}} + tf(\text{'intelligence'}) r_{\text{Machine learning'}}^{\text{intelligence'}}$ 就是概念"Machine learning"在维基百科概念向量中的权值。

虽然只是选取了一个单词的前 k 个概念，但是噪声仍然不可避免地引入了。为了提高模型的性能，对于一个文档来说，仅仅选择前 m 个概念来表示此文档，删除与此文档相关度较低的概念。一方面，删除这些低相关度的概念可以用维基百科概念表示模型远离噪声；另一方面，因为概念向量的长度减少了，模型的处理效率提高了。m 值的选择和 k 值的选择一样是经验性的。如果 m 值太大就会引入噪声，太小就会造成信息损失。以文本"Obama is the president of the United States"为例来说明基于维基百科的概念向量是如何构建的。

在删除停用词后剩下 4 个单词：Obama、president、United 和 State，与这 4 个单词相关的前 5 个概念见表 2.1 所列。维基百科概念向量中的概念将从这 4 个单词的前 5 个概念中选取，其权重将基于式(2.4)进行计算。我们发现 BarackObama 和 United States 是与这 4 个单词中的两个都相关的概念，其权重和可能高于其他概念而成为文档中的重要概念。

表 2.1　倒排索引中与单词相关的前 5 个概念

单词	概念 1	概念 2	概念 3	概念 4	概念 5
Obama	Barack Obama	Presidency of	Family of Barack Obama	Barack Obama	Obama, Fukui

续表

单词	概念 1	概念 2	概念 3	概念 4	概念 5
		Barack Obama		presidential campaign, 2008	
president	President	President of the	President of France	George W. Bush	Barack Obama
		United States			
United	United	United!	United Airlines	United States	United Ireland
State	State	U. S. state	State highway	United States	State（polity）

2.2.4 语义矩阵

类似于传统的词袋模型，2.2.3 小节中提出的基于维基百科概念的文本表示模型忽略了概念之间的语义关系。为了提高文本表示模型的性能，应当考虑概念间的语义关系，故在本小节中构建了概念间的语义矩阵来表示概念间的语义关系。

新西兰怀卡托大学的 Milne 等人[21]提出的 WLM 算法是一种基于维基百科概念间的链接关系计算概念间的语义相似度的算法。其仅仅是基于维基百科的链接结构而与文本内容无关，所以其计算效率很高，而且性能很好。虽然 ESA 算法[3]仍然是当前计算文本间语义相似度准确度最高的算法，但是 WLM 算法在文本内容为维基百科概念时与 ESA 算法性能相当[21]。我们选择使用 WLM 算法来构建语义矩阵是因为以下两点：第一，基于维基百科概念的文本表示模型中都是维基百科的概念而不是普通的单词，WLM 算法可以取得与准确度最高的 ESA 算法相当的性能；第二，WLM 算法的计算效率比 ESA 算法更高，能够快速生成语义矩阵。

图 2.5 是语义矩阵的示意图，语义矩阵是维基百科概念之间语义相似度的矩阵。假如维基百科中共有 n 个概念，那么将得到一个 $n \times n$ 的语义矩阵。对于概念 $c_i(i \in \{1, 2, \cdots, n\})$ 和概念 $c_j(j \in \{1, 2, \cdots, n\})$，其语义相似

第 2 章　基于概念的社交网络话题文本表示模型

度的计算公式(2.5)所示，其中 r_{WLM} 指的是使用 WLM 算法计算得到的概念间的语义相似度。维基百科中的同义词通常使用重定向链接进行标识，我们据此识别两个概念是不是同义词。例如，概念"USA"和概念"United States"间有一个重定向链接。2012 年 9 月 2 日的英文维基百科中共有超过 500 万条重定向链接，所以我们获得了一个很大的同义词词表。

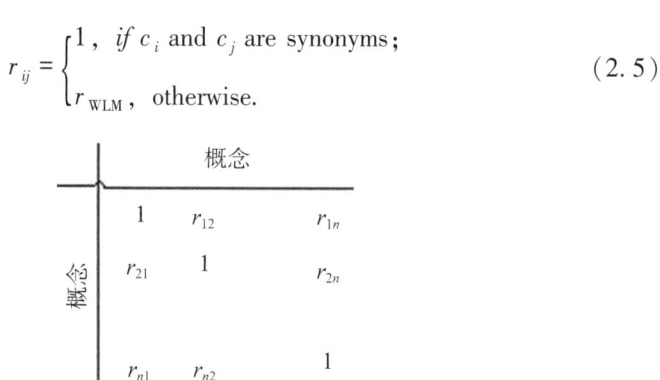

$$r_{ij} = \begin{cases} 1, & if\ c_i\ and\ c_j\ are\ synonyms; \\ r_{\text{WLM}}, & otherwise. \end{cases} \quad (2.5)$$

图 2.5　语义矩形示意图

2.2.5　语义增强后的维基百科概念向量

我们使用语义矩阵 P 增强基于维基百科概念的文本表示模型。假如 vec_{concept} 表示维基百科概念向量，vec_{SM} 是语义增强后的维基百科概念向量，那么式(2.6)就显示了语义矩阵 P 与 vec_{concept}、vec_{SM} 之间的关系。图 2.6 是利用维基百科概念的语义矩阵来增强文本语义的方法示意图，通过将向量 vec_{concept} 右乘以语义矩阵 P 来达到增强语义的目的。

$$vec_{\text{SM}} = vec_{\text{concept}} \cdot P \quad (2.6)$$

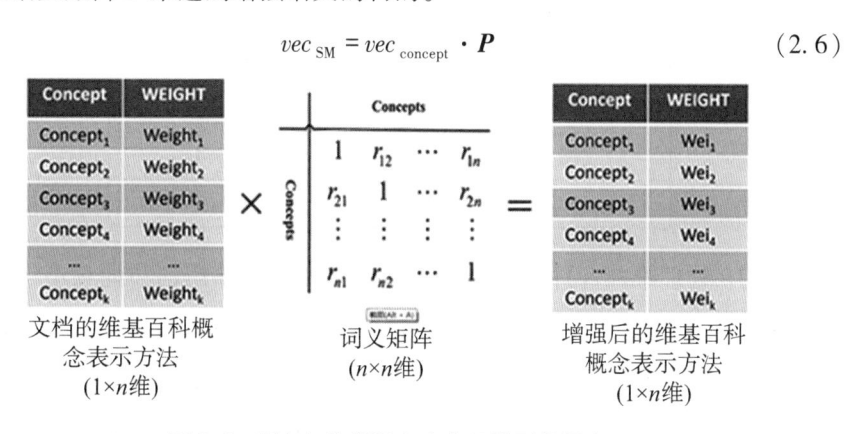

图 2.6　语义矩阵增强文本表示模型的语义

在向量 vec_{SM} 中，概念间的语义得到了增强。在典型应用如文本分类中，通常要计算两个文档 d_1 和 d_2 之间的相似度。用 $\tilde{k}(d_1, d_2)$ 表示文档 d_1 和 d_2 之间的语义相似度，式(2.7)显示了其计算方法，其是文档 d_1 和 d_2 向量的内积。如图2.6所示，语义增强后的矩阵可以被用于文本分类等应用中。

$$\begin{aligned}\tilde{k}(d_1, d_2) &= vec_{concept}(d_1) \cdot \boldsymbol{P} \cdot \boldsymbol{P}^T \cdot vec_{concept}(d_2)^T \\ &= vec_{SM}(d_1) \cdot vec_{SM}(d_2)^T\end{aligned} \quad (2.7)$$

2.3 实验评价

2.3.1 实验数据集

2.3.1.1 维基百科

维基百科定期在其官方网站(http://dumps.wikimedia.org/)上发布其数据库备份文件，本小节所有实验是基于2012年9月2日发布的英文维基百科数据。将其提供的SQL文件和XML文件导入MySQL数据库，得到了总共约130 GB的数据库文件。表2.2显示了此版本的维基百科数据集的统计信息。

表2.2 维基百科数据集数据统计

内容	数据大小
概念	9 618 661
文章	4 090 633
文章中的链接	380 692 384
重定向链接	5 658 860

我们在处理维基百科解释文档时删除了常见的停用词和词频小于5的所有单词，并采用"Lucene Snowball"来提取英文文本中的词干。删除目标页面不存在的链接，英文维基百科中存在着一些未被编辑的概念。如果一个概念是重定向概念，用其重定向到的概念的文档来表示此文档，即一篇文档会解

释多个概念。

2.3.1.2 文本分类数据集

对于长文本分类，我们使用了 4 个真实的常用数据集，它们分别是 Reuters-21578、OHSUMED、20 Newsgroups 和 Movies Reviews，下面分别介绍这 4 个数据集。

(1) Reuters-21578。此数据集是 1987 年英国路透通讯社[22]的新闻文档集合。将 Reuters-21578 数据集的各个类别按照文档数从大到小进行排序，选取文档数最多的 10 个分类进行评测。采用常用的 ModApte 方法来划分训练文档和测试文档，一共得到了 7 156 篇训练文档和 3 211 篇测试文档。在 Reuters-21578 测试集中，一个文档可能属于多个分类，本小节将这样的文档划分到其所属的所有分类中。

(2) OHSUMED[23]。此数据集包含从 1987 年到 1991 年 5 年内的 270 种医学杂志的标题和其论文摘要。类似于文献[24]，将其中包含的 20 000 篇文档分为两部分，第一部分包含 10 000 篇训练文档，第二部分包含 10 000 篇测试文档。OHSUMED 数据集中共有 23 个类别，这 23 个类别包含的文档数相差较大。例如类别"Pathological Conditions, Signs and Symptoms"包含 1 799 篇文档，而类别"Bacterial Infections and Mycoses"仅仅包含 423 篇文档。

(3) 20 Newsgroups[25]。此数据集包含 20 000 篇文档和 20 个类别，每个类别中都有 1 000 篇文档，数据集中的文档来自"Usenet"新闻组(Newsgroup)。采用 4 次交叉验证(4-fold cross-validation)方法来进行训练和测试。

(4) Movie Reviews[26]。此数据集中包含 2 000 篇电影影评，其中 1 000 篇影评是正面的评价，剩下的 1 000 篇影评是负面的评价。其是 Pang 和 Lee 在 2004 年[27]发布的。像文献[11]的做法一样，我们也采用 4 次交叉验证方法来进行训练和测试。

对于短文本分类，像文献[10]的做法一样，从数据集 Reuters-21578、OHSUMED 和 20 Newsgroups 中仅仅抽取其标题作为短文本数据集，删除标题长度小于5个单词的文档。没有从 Movie Reviews 中抽取短文本数据集，因为 Movie Reviews 数据集中没有标题。在短文本分类中，Google Snippets[12]是一个公开的数据集，同样用此数据集来评测短文本分类的性能。

Google Snippets 数据集是 Phan 等人在 2008 年发布的，它是通过工具 JWebPro 从 Google 搜索引擎中获取的。此数据集中共有 12 000 篇文档，被划分为 8 个类别，其中 10 000 篇文档用于训练，2 000 篇文档用于测试。此数据集的文档平均包含 17.99 个单词。表 2.3 显示了短文本测试集 Reuters-21578、OHSUMED、20 Newsgroups 和 Google Snippets 的平均单词数。

表 2.3　短文本分类测试集的平均长度

数据集	平均长度
20 Newsgroups	5.73
OHSUMED	8.97
Reuters-21578	6.02
Google Snippets	17.99

2.3.2　实验方法

本章我们实现了六种方法并比较它们的性能。第一种是传统词袋模型的方法，被认为是基线(Baseline)方法；第二种是本章描述的仅用维基百科概念向量表示文本，而不用语义矩阵增强语义的方法；第三种是本章描述的用维基百科概念向量表示文本，并且用语义矩阵增强语义的方法，也就是图 2.2 所示的方法；第四种是 Wang 等人提出的 Wiki-SK 方法[11]；第五种方法是 Daniele 等人提出的短文本分类方法，称为 Daniele 方法；第六种方法是 Phan 等人在文献[12]中提出的方法，称为 Phan 方法。

1. Baseline 方法

基线方法是传统的基于词袋模型的方法，采用 TF-IDF 方法来计算词语的权值，使用 F-Score 方法[28]来进行特征选择。我们删除了常用的停用词，删除了出现较少的单词，对词汇进行了词干提取等操作。然后采用支持向量机 SVM 模型来对文本进行分类。

2. Wiki-Replacing 方法

这种方法是 2.2 节描述的用维基百科概念表示文档的方法，但是没有采用语义矩阵增强语义。Daniele Vitale[13]等人也尝试了此方法，但是他们将文本映射到维基百科概念的方法与我们的方法不同。我们采用倒排索引来将文本映射为维基百科的概念，而他们采用 TAGME 方法直接查找匹配维基百科中的概念。虽然基于倒排索引的方法更加耗时，但是它可以找出没有在文本中明确出现的紧密相关的维基百科概念。如果一个数据集中包含较少的维基百科概念，如社交网络中的博文往往比较口语化而包含较少的维基百科概念，那么基于倒排索引的方法将更加有效。我们采用支持向量机(support vector machine，SVM)在概念向量上进行分类，而 Daniele Vitale 等人的方法尝试计算概念向量与类别向量之间的语义相关度来直接分类。

3. Wiki-SM 方法

Wiki-SM 方法是图 2.2 中描述的方法，它不仅使用维基百科的概念表示文档，而且使用 2.2.4 小节中描述的基于维基百科的语义矩阵对文本的概念向量进行语义增强。然后在语义增强后的概念向量上使用支持向量机 SVM 来进行分类。

4. Wiki-SK 方法

Wiki-SK 方法是美国乔治梅森大学的 Wang 等人[11]在 2008 年提出的，其构建的维基百科概念内核(semantic kernel)用于文本分类。我们在本章构建语义矩阵的方法与他们的方法不同，他们采用维基百科的解释文档和分类体系构建语义核心，而基于维基百科链接结构的方法计算效率更高。在文档表示模型方面，他们不仅使用维基百科概念，而且使用文本中出现的单词或短语，而本章提出的方法仅使用维基百科的概念表示文本。

5. Daniele 方法

Daniele 方法[13]是意大利比萨大学的 Daniele 等人在 2012 年提出的，他们基于 TAGME 方法[19]用维基百科概念来表示短文本，选取前 k 个概念来表示一个特定的类别，然后通过计算文本的维基百科概念向量和类别的前 k 个概念组成的向量之间的语义相关度来评价此文本是属于此类别还是其他类别。

此方法仅和短文本分类方法进行比较。

6. Phan 方法

日本东北大学的 Phan 等人[12]在 2008 年提出了此方法，他们利用外部知识库维基百科和 MEDLINE 来增加训练文档数量，提高短文本分类的准确度。通过话题模型 LDA 来估算训练文档的话题，并在训练文档中增加外部知识库中相同话题的语料来达到增加训练文档的效果。此方法仅和短文本分类方法进行比较。

在本章的所有实验中，我们使用的是线性内核的支持向量机模型。在使用支持向量机进行分类之前，做了去除常用停用词、向量归一化等操作。支持向量机是一种用于分类和回归分析的有监督学习模型，意大利国家研究委员会的 Fabrizio Sebastiani 的研究[29]显示，支持向量机 SVM 在文本分类领域可以获得很好的效果。在本章的试验中，使用 SVM 的开源实现 LIBSVM[30]进行试验。LIBSVM 是一种用于支持向量分类的集成软件，被广泛使用在文献[11]等学术研究中。LIBSVM 实现了多种不同版本的 SVM、高效的多类别分类、交叉验证方法、多种计算内核等。LIBSVM 实现了多种不同类型的多类别分类，默认的多类别分类方法是 1-vs-all。

2.3.3 评价方法

我们采用微平均精确度（micro-averaged precision）和宏平均精确度（macro-averaged precision）评价文本分类性能。微平均准确度认为每篇文档的权值是相同的，而宏平均精确度则认为每个类别的权值是相同的。因此，如果测试集中每个类别的文档数不同，那么其宏平均精确度和微平均精确度不同；而当测试集中每个类别的文档数量相同时，那么其宏平均精确度和微平均精确度相同。在本章中，数据集 Reuters-21578 和 OHSUMED 的类别中文档数不同，因此计算宏平均精确度和微平均精确度。对于数据集 20 Newsgroups 和 Movie Reviews，每个类别的文档数相同，所以微平均精确度和宏平均精确度相同，因此没有计算这两个数据集的宏平均精确度。因此表 2.4 和表 2.5 的宏平均精确度为空。

在一个共有 C 类的数据集中，如果类 $C_i(i=1, 2, \cdots, |C|)$ 中共有 a_i

个文档被正确分类在 C_i 中，共有 b_i 个文档被错误地分到 C_i 类中，有 c_i 个文档被错误地分到其他类别中，那么 C_i 类中的精确度（Precision）可以表示为式(2.8)。

$$P_{C_i} = \frac{a_i}{a_i + b_i} \tag{2.8}$$

宏平均精确度 macro-average(P) 可以用式(2.9)计算。

$$\text{macro-average}(P) = \frac{\sum_{C_i \in C} P_{C_i}}{|C|} \tag{2.9}$$

微平均精确度 micro-average(P) 可以用式(2.10)计算。

$$\text{micro-average}(P) = \frac{\sum_{C_i \in C} a_i}{\sum_{C_i \in C} a_i + \sum_{C_i \in C} b_i} \tag{2.10}$$

显著性检验（significant test）用来测试一种方法是否比另一种方法有统计学上的显著改进。采用显著性检验中的 T-test[31] 来测试是否两种方法有统计学上的显著性能差异，通常如果 T-test 的 p-value 小于显著性水平（significance level），那么认为一种方法与另一种方法在此显著性水平上存在统计学上的差异。常用的显著性水平有 0.10、0.05 和 0.01，T-test 的 p-value 能够满足的显著性水平越小，说明两种方法在统计学上的差异越大。在本章中，用显著性检验测试我们提出的方法是不是在统计学上显著性地比现有方法好。

2.3.4 实验分析

表 2.4 显示了 Baseline 方法、Wiki-Replacing 方法、Wiki-SM 方法和 Wiki-SK 四种方法在长文本数据集 OHSUMED、Reuters-21578、Movie Reviews 和 20 Newsgroups 四个数据集上的实验结果，包括微平均精确度和宏平均精确度。

表 2.4 长文本分类实验结果

数据集	四种方法							
	Baseline		Wiki-Replacing		Wiki-SM		Wiki-SK	
	Micro	Macro	Micro	Macro	Micro	Macro	Micro	Macro
OHSUMED	0.471 2	0.418 1	0.535 1	0.570 5	0.545 8	0.588 7	0.532 4	0.561 3
Reuters-21578	0.857 3	0.735 1	0.832 8	0.701 2	0.863 1	0.741 2	0.861 4	0.622 1

续表

数据集	四种方法							
	Baseline		Wiki-Replacing		Wiki-SM		Wiki-SK	
	Micro	Macro	Micro	Macro	Micro	Macro	Micro	Macro
Movie Reviews	0.847 5	—	0.844 5	—	0.874 3	—	0.863 5	—
20 Newsgroups	0.809 1	—	0.812 7	—	0.823 5	—	0.822 3	—

  首先比较 Baseline 方法和 Wiki-Replacing 方法，Wiki-Replacing 方法在数据集 OHSUMED 和 20 Newsgroups 上的效果比 Baseline 方法更好，但是在数据集 Reuters-21578 和 Movie Reviews 上却比 Baseline 方法略差。采用显著性检验来比较这两种方法是否存在显著性差异，T-test 测试得到的 p-value 的结果为 0.634 1，远大于常用的显著性水平 0.10、0.05 和 0.01，所以两种方法不存在统计学上的显著差异。

  再来比较 Wiki-SM 方法和 Baseline 方法，从表 2.4 中可以发现 Wiki-SM 方法在四个数据集上的微平均精确度和宏平均精确度都高于 Baseline 方法。同样采用 T-test 来测试两者的显著性水平，得到的 p-value 为 0.142 0。其大于显著性水平 0.10，虽然不能断言 Wiki-SM 方法比 Baseline 方法在统计学上显著性地比 Baseline 方法好，但是比 Wiki-Replacing 方法相比更加接近显著性水平 0.10。

  从表 2.4 中可以看出，Wiki-SK 方法在四个数据集上的微平均精确度和宏平均精确度都比 Baseline 方法高。采用 T-test 测试发现 p-value 为 0.215 6，大于我们提出的 W-iki-SM 方法与 Baseline 方法比较的 0.142 0。在一定程度上说明 Wiki-SM 方法比 Wiki-SK 方法略好。进一步比较 Wiki-SK 方法和 Wiki-SM 方法，发现 Wiki-SM 方法比 Wiki-SK 在四个数据集上的微平均精确度和宏平均精确度都高，但是 T-test 测试得到的 p-value 为 0.391 0，说明 Wiki-SK 方法没有在统计学上显著性地比 Wiki-SM 好。但是 Wiki-SM 方法是基于维基百科的解释文档和分类体系，而我们的方法是基于维基百科链接结构的方法，因此比 Wiki-SM 方法的计算效率更高。

  比较没有使用语义矩阵的 Wiki-Replacing 方法和使用语义矩阵增强的 WikiSM 方法，发现 Wiki-SM 方法在四个数据集上的微平均精确度和宏平均精确度都比 Wiki-Replacing 方法高，T-test 得到的结果为 0.035 2，其在显著性水平 0.05 上假设检验成立，说明 Wiki-SM 方法比 Wiki-Replacing 方法在统计学上显著性更好。实验结果说明了语义矩阵的重要意义。

2.3.5 短文本分类实验分析

表 2.5 显示了短文本分类方法在四个短文本测试集 OHSUMED、Reuters21578、20 Newsgroups 和 Google Snippets 上的实验结果，类似于长文本分类中的结果，同样计算微平均精确度和宏平均精确度。

从表中可以发现 Wiki-Replacing 方法在四个数据集上都比 Baseline 方法的微平均精确度和宏平均精确度高，在 Google Snippets 数据集上两者的差别最大，Wiki-Replacing 方法的微平均精确度 0.727 1 比 Baseline 方法的 0.667 3 高出了 8.96%。T-test 测试得到 p-value 为 0.112 1，虽然比显著性水平 0.1 略大，但是远好于长文本数据集中的 0.634 1。这说明在短文本中，Wiki-Replacing 方法比在长文本中的性能更好。在 Wiki-Replacing 方法中，基于维基百科的概念向量比词袋模型的文本向量更长，语义比词袋模型能得到更好的表达。

比较 Wiki-SM 方法和 Baseline 方法，发现 Wiki-SM 方法在四个数据集上都比 Baseline 方法的精确度更高，在 Google Snippets 数据集上比 Baseline 方法提高了 9.92%。T-test 得到的 p-value 为 0.054 3，低于显著性水平 0.10，说明在显著性水平 0.10 级别上，我们提出的 Wiki-SM 方法在短文本数据集上显著性地比 Baseline 方法好。再与 Wiki-SK 方法进行比较，同样 Wiki-SM 方法在四个数据集上都比 Wiki-SK 方法的精确度更高。T-test 测试的结果为 0.073 0，低于显著性水平 0.10，同样说明了我们提出的方法比 Wiki-SK 方法在统计学上的显著性更好。实验说明了我们提出的 Wiki-SM 方法比传统词袋模型方法和 Wiki-SK 方法更好。

在表 2.5 中，发现 Wiki-SM 方法和 Wiki-SK 方法比 Wiki-Replacing 方法在四个数据集上的精确度都高。T-test 测试发现 Wiki-Replacing 方法与 Wiki-SM 方法的 p-value 为 0.120 9，比较接近显著性水平 0.10。与 Wiki-SK 方法的 p-value 为 0.571 9，说明两者间的显著性差异不大。

表 2.5 短文本分类实验结果

数据集	Baseline		Wiki-Replacing		Wiki-SM		Wiki-SK	
	Micro	Macro	Micro	Macro	Micro	Macro	Micro	Macro
OHSUMED	0.400 8	0.326 2	0.410 9	0.346 4	0.431 4	0.351 3	0.420 3	0.332 1
Reuters-21578	0.688 0	0.217 0	0.697 2	0.289 0	0.709 5	0.289 6	0.691 0	0.283 2
20 Newsgroups	0.692 4	—	0.718 7	—	0.724 2	—	0.719 5	—
Google Snippets	0.667 3	0.634 1	0.727 1	0.700 1	0.733 5	0.715 3	0.707 7	0.682 8

在 Google Snippet 短文本数据集上进一步比较算法的性能，比较的算法有 Wiki-SM 方法、Wiki-SK 方法[11]、Daniele 方法[13] 和 Phan 方法[12]。图 2.7 显示了这四种算法的微平均精确度随着 Google Snippet 数据集中的训练样本数的改变而变化的情况。从实验结果中可以发现，我们提出的 Wiki-SM 方法在所有的训练样本数上都比 Wiki-SK 方法和 Daniele 方法更好。Phan 方法取得了最好的微平均精确度值，我们的方法仅次于 Phan 方法。但是 Phan 方法是基于特殊任务获取的大量训练文档，当分类任务改变时，其必须重新获取外部世界中的训练文档，而本章提出的算法则不会出现这样的问题，我们的方法在分类任务改变时不用重新获取外部直接的文档。因此我们的方法比 Phan 方法的实用性和适用性更好，可以应用于多数的文本挖掘任务。

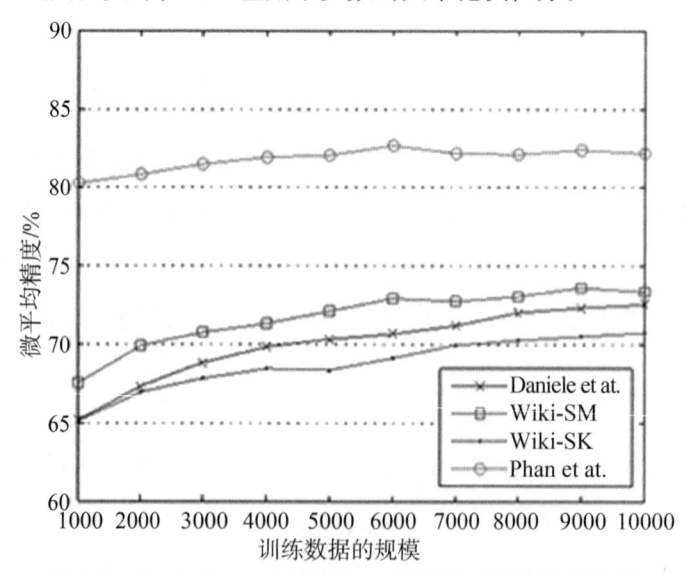

图 2.7 Google Snippets 数据集上不同算法的微平均精确度

2.3.6 维基百科文本表示模型长度分析

在 2.2.3 小节中，我们讨论在维基百科概念表示向量中选取前 m 个概念来减少不相关的概念，本小节分析在选取不同的 m 值时微平均精确度的变化情况。在长文本数据集"Movie Reviews"和短文本数据集"Google Snippets"上进行实验，了解随着 m 值的改变，Wiki-SM 方法在文本分类中的性能是如何变化的。图 2.8 显示了 Wiki-SM 方法在这两个数据集中随着维基百科文本表示模型长度变化而导致的性能变化。从中可以发现，在数据集"Movie Reviews"中，当维基百科概念向量的长度 $m=900$ 时，Wiki-SM 方法取得最好的性能，m 增大或者减小，性能都会下降。

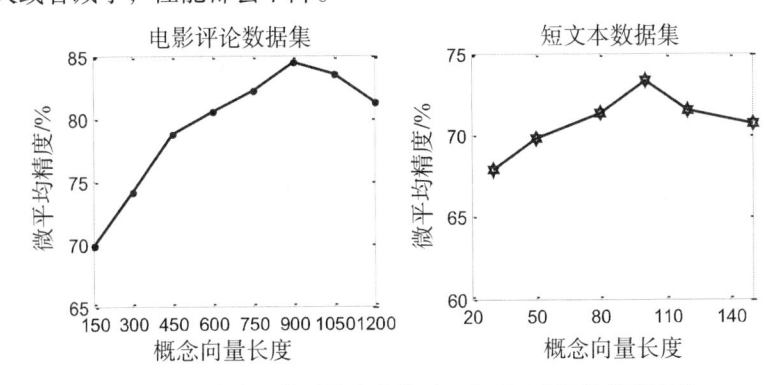

图 2.8 文本表示模型长度变化时 Wiki-SM 方法性能的变化

这说明，当基于维基百科的文本表示模型的概念向量长度值 m 太大时，模型将会因为引入噪声使得性能下降；当 m 太小时，由于语义信息的损失也同样使得性能下降。在短文本数据集"Movie Reviews"上的实验同样验证了此原理，当 $m=100$ 时，短文本分类取得最好的性能，m 值偏大或偏小，性能都会降低。当然，不同的数据集中最好的 m 值是不同的，m 值的选择在一定程度上影响维基百科文本表示模型的性能，采用实验尝试的方法来经验性地选择 m 值。

2.4 本章总结

本章提出一种基于知识库概念的文本表示模型，本章采用的知识库为维基百科。此模型用维基百科概念的向量表示文本，在计算维基百科概念之间语义相关度的基础上构建概念之间的语义矩阵，并基于此语义矩阵增强维基百科向量的语义。在维基百科超过 400 万篇解释文档上构建倒排索引，然后在文本词袋模型的基础上利用倒排索引将文本表示为维基百科的概念向量。由于维基百科的概念之间通过超链接相互链接起来，其显示了维基百科概念之间的语义关系，因此利用 WLM 算法通过概念之间的链接关系计算它们之间的语义关系，并以此构建起概念之间的语义矩阵。

语义矩阵的构建丰富了基于维基百科概念的文本表示向量的语义。在多个真实数据集上的实验分析发现，语义矩阵在提高概念表示模型的性能方面起到了关键性的作用。在长文本分类应用中，经过语义矩阵增强语义的维基百科概念模型比没有经过语义矩阵进行语义增强的维基百科概念模型在统计学上显著性更好；在短文本分类应用中，语义矩阵同样起着非常重要的作用，在所有数据集中，语义矩阵增强后的维基百科概念模型比没有增强的模型在微平均精确度和宏平均精确度上性能更好。在短文本分类应用中发现，本章提出的基于维基百科概念的文本表示模型比传统的词袋模型效果在统计学上显著性更好。所以本章提出的基于维基百科的文本表示模型能够很好地应用在社交网络短文本挖掘应用中。虽然基于维基百科的文本表示模型没有比 Phan 方法好，但是 Phan 方法要针对特定的任务获取不同的外部数据，影响了算法的普遍实际应用，而我们的方法则没有此限制，可以应用在多数文本挖掘任务中。不仅在短文本应用中，也在长文本分类中，基于维基百科的文本表示模型虽然不是在统计学上显著性地比词袋模型更好，但是在实验的四个数据集上精确度仍然比词袋模型更高。也就是说，我们提出的基于维基百科的文本表示模型也能够应用在长文本挖掘中。

本章所述方法提出的基于维基百科的文本表示模型不仅可以应用在文本分类、文本聚类应用中，还可以应用在话题分析等文本挖掘应用中，是话题

第 2 章　基于概念的社交网络话题文本表示模型

传播分析的基础技术之一。

2.5　本章参考文献

[1] URENA-LóPEZ L A, BUENAGA M, GóMEZ J M. Integrating linguistic resources in TC through WSD [J]. Computers and the Humanities, 2001, 35 (2)：215-230. http：//en. wiki pedia. org/wiki/sina Weibo.

[2] MILLER G A. WordNet：a lexical database for English [J]. Communications of the ACM, 1995, 38 (11)：39-41.

[3] GABRILOVICH E, MARKOVITCH S. Computing Semantic Relatedness Using Wikipedia-based Explicit Semantic Analysis[C]. In IJCAI, 2007：1606-1611.

[4] LENAT D B, GUHA R V. Building large knowledge-based systems：representation and inference in the Cyc project [M]. Addison-Wesley Longman Publishing Co. Inc., 1989.

[5] BAKER C F, FILLMORE C J, LOWE J B. The berkeley framenet project [C]. In Proceedings of the 17th international conference on Computational linguistics-Volume 1, 1998：86-90.

[6] YOKOI T. The EDR electronic dictionary [J]. Communications of the ACM, 1995, 38 (11)：42-44.

[7] DONG Z, DONG Q. HowNet and the Computation of Meaning [J]. World Scientific, 2006.

[8] 王惠，詹卫东，俞士汶.《现代汉语语义词典》的结构及应用[J]. 语言文字应用, 2006, 1：032.

[9] WIKIPEDIA. Wikipedia [EB/OL]. 2015. https：//zh. wikipedia. org/wiki/%E7%BB%B4%E5%9F%BA%E7%99%BE%E7%A7%91.

[10] GABRILOVICH E, MARKOVITCH S. Overcoming the brittleness bottleneck using wikipedia：enhancing text categorization with encyclopedic knowledge [C/OL]. In proceedings of the 21st national conference on Artificial

intelligence, Boston, Massachusetts, 2006: 1301 - 1306. http://dl.acm.org/citation.cfm?id=1597348.1597395.

[11] WANG P, DOMENICONI C. Building semantic kernels for text classification using wikipedia [C/OL]. In Proceedings of the 14th ACM SIGKDD international conference on Knowledge discovery and data mining. Las Vegas, Nevada, USA, 2008: 713 - 721. http://doi.acm.org/10.1145/1401890.1401976.

[12] PHAN X-H, NGUYEN L-M, HORIGUCHI S. Learning to classify short and sparse text & web with hidden topics from large-scale data collections [C/OL]. In Proceedings of the 17th international conference on World Wide Web. Beijing, China, 2008: 91 - 100. http://doi.acm.org/10.1145/1367497.1367510.

[13] VITALE D, FERRAGINA P, SCAIELLA U. Classification of short texts by deploying topical annotations [C/OL]. In Proceedings of the 34th European conference on Advances in Information Retrieval. Barcelona, Spain, 2012: 376 - 387. http://dx.doi.org/10.1007/978-3-642-28997-2_32.

[14] GABRILOVICH E, MARKOVITCH S. Feature generation for text categorization using world knowledge [C/OL]. In Proceedings of the 19th international joint conference on Artificial intelligence. Edinburgh, Scotland, 2005: 1048 - 1053. http://dl.acm.org/citation.cfm?id=1642293.1642461.

[15] HU X, ZHANG X, LU C, ET AL. Exploiting Wikipedia as external knowledge for document clustering [C/OL]. In Proceedings of the 15th ACM SIGKDD international conference on Knowledge discovery and data mining. Paris, France, 2009: 389 - 396. http://doi.acm.org/10.1145/1557019.1557066.

[16] BANERJEE S, RAMANATHAN K, GUPTA A. Clustering short texts using wikipedia [C/OL]. In Proceedings of the 30th annual international ACM SIGIR conference on Research and development in information retrieval. Amsterdam, The Netherlands, 2007: 787 - 788. http://doi.acm.org/10.1145/1277741.1277909.

[17] TANG J, WANG X, GAO H, et al. Enriching short text representation in

microblog for clustering [J]. Frontiers of Computer Science in China, 2012, 6 (1): 88-101.

[18] XIANG W, YAN J, RUHUA C, et al. Improving text categorization with semantic knowledge in Wikipedia [J]. IEICE TRANSACTIONS on Information and Systems, 2013, 96 (12): 2786-2794.

[19] FERRAGINA P, SCAIELLA U. TAGME: on-the-fly annotation of short text fragments (by wikipedia entities) [C/OL]. In Proceedings of the 19th ACM international conference on Information and knowledge management, 2010: 1625-1628. http://doi.acm.org/10.1145/1871437.1871689.

[20] HUANG A, MILNE D, FRANK E, et al. Clustering Documents Using a Wikipedia-Based Concept Representation [C/OL]. In Proceedings of the 13th Pacific-Asia Conference on Advances in Knowledge Discovery and Data Mining. Bangkok, Thailand, 2009: 628-636. http://dx.doi.org/10.1007/978-3-642-01307-2_62.

[21] MILNE D, WITTEN I H. An Effective, Low-Cost Measure of Semantic Relatedness Obtained from Wikipedia Links [C]. In Proceedings of AAAI 2008. 2008.

[22] WIKIPEDIA. Reuters [EB/OL]. 2015. https://en.wikipedia.org/wiki/Reuters.

[23] HERSH W, BUCKLEY C, LEONE T J, et al. OHSUMED: an interactive retrieval evaluation and new large test collection for research [C/OL]. In Proceedings of the 17th annual international ACM SIGIR conference on Research and development in in-formation retrieval. Dublin, Ireland, 1994: 192-201. http://dl.acm.org/citation.cfm?id=188490.188557.

[24] JOACHIMS T. Text Categorization with Suport Vector Machines: Learning with Many Relevant Features [C/OL]. In Proceedings of the 10th European Conference on Machine Learning, 1998: 137-142. http://dl.acm.org/citation.cfm?id=645326.649721.

[25] LANG K. NewsWeeder: Learning to Filter Netnews [C]. In Proceedings of

the 12th International Machine Learning Conference, 1995.

[26] PANG B, LEE L, VAITHYANATHAN S. Thumbs up?: sentiment classification using machine learning techniques [C/OL]. In Proceedings of the ACL-02 conference on Empirical methods in natural language processing-Volume 10. 2002: 79-86. http://dx.doi.org/10.3115/1118693.1118704.

[27] PANG B, LEE L. A sentimental education: sentiment analysis using subjectivity summarization based on minimum cuts [C/OL]. In Proceedings of the 42nd Annual Meeting on Association for Computational Linguistics. Barcelona, Spain, 2004. http://dx.doi.org/10.3115/1218955.1218990.

[28] CHEN Y W, LIN C J. Combining SVMs with various feature selection strategies [J] studies in fuzziness & soft computing, 2008, 315-324.

[29] SEBASTIANI F. Machine learning in automated text categorization [J/OL]. ACM Comput. Surv. 2002, 34 (1): 1-47. http://doi.acm.org/10.1145/505282.505283.

[30] CHANG C-C, LIN C J. LIBSVM: A library for support vector machines [J/OL]. ACM Trans. Intell. Syst. Technol. 2011, 2 (3): 1-27. http://doi.acm.org/10.1145/1961189.1961199.

[31] WIKIPEDIA. Student's t-test [EB/OL]. 2015. https://en.wikipedia.org/wiki/Student's_t-test.

第3章
基于神经网络的局部非线性降维方法

3.1 概　　述

真实世界的数据通常是高维的,例如自然语言、数码照片和语音信号等。降维就是将高维数据投影到低维空间,同时保留相关结构(例如格拉斯曼(Grassmann)流形结构和斯蒂弗尔(Stiefel)流形结构)[1]。降维被广泛应用于数据分析、存储和可视化等方面。

现有的降维方法主要有两类:一类是保留全局结构的全局方法,另一类是保留局部几何结构的局部方法[2-4]。全局方法通常假设数据具有很强的共线性,但无法捕获数据中的局部几何结构[1,3]。典型的全局方法包括主成分分析法(PCA)[5,6]、线性判别分析法(LDA)[7]、等差特征映射法(Isomap)[1,8]、多维尺度分析法(MDS)[9]、自编码器(Autoencoders)[10]、Sammon映射[11,12]等。局部方法是非线性的,能够捕捉数据集的局部几何结构,适用于模式识别[13,14]。典型的局部方法包括局部线性嵌入(LLE)[15]、拉普拉斯特征映射(LE)[16]、t-SNE、局部切线空间对齐(LTSA)[17]、统一流形逼近与投影(UMAP)[2]等。大多数非线性局部方法都有一个同样的流程:首先对每个数据点选择一个邻域,然后进行特征值分解或奇异值分解,得到低维嵌入[3]。然而,特征值分解和奇异值分解的计算复杂度为$O(n^2)$,复杂度高。表3.1给出了四种经典局部降维方法的计算复杂度[2,10,11]。

表 3.1 四种具有代表性的局部非线性降维方法和 Vec2vec 的计算复杂度

方法	计算复杂度	内存开销
LLE	$O(n\log n \cdot D + n^2 \cdot d)$	$O(|E| \cdot d^2)$
LE	$O(n\log n \cdot D + n^2 \cdot d)$	$O(|E| \cdot d^2)$
LTSA	$O(n\log n \cdot D + n^2 \cdot d)$	$O(n^2)$
t-SNE	$O(n^2 \cdot d)$	$O(n^2)$
Vec2vec	$O(n\log n \cdot D + n \cdot d)$	$O(n^2)$

其中，n 是数据集中的数据点的数量，k 是选择的近邻数量。D 为原始维度，d 为目标维度，$|E|$ 是邻接图中的边数。

近年来，随着 Word2vec[18] 的成功，许多学者开始研究关于词汇[19]、文档[20]、图像[21]、网络[22-24]、知识图谱[25]、生物信号[26]、动态图形[27]等的嵌入学习方法（embedding learning），这些方法将包括文本、图像和图在内的对象嵌入低维向量中。他们实现了数据的降维，在这些方法中获得嵌入的计算和存储复杂性与数据的数量呈线性关系。与大多数局部流形学习方法中的特征值或奇异值分解方法相比，它可以显著降低计算和存储的复杂度。然而，这些研究工作只针对文本或图像[22]等数据对象，不能用于矩阵的降维。例如，Word2vec 利用句子和文档中单词的上下文（共现）来学习低维单词嵌入，但矩阵中的数据点没有显式的共现（上下文关系）。因此，它不能作为通用的降维方法。

在此基础上，我们提出了一种局部降维方法 Vec2vec，该方法保留了矩阵的局部几何结构，可应用于泛型矩阵的降维。为了保持数据的局部几何结构，Vec2vec 首先通过计算输入矩阵向量之间的两两相似度来构造邻域相似图；然后对邻域相似图中的随机游走序列进行采样，提取数据点的上下文；最后，为了降低非线性嵌入映射的计算复杂度，Vec2vec 发展了 Word2vec 中的 skip-gram 模型，利用一个只有一层隐含层的神经网络来获得矩阵的嵌入。此外，还设计了一个目标函数，试图保持数据点的两两相似性。然后采用随机梯度下降（SGD）算法和负采样技术对神经网络进行训练。与现有的局部降维方法相比，Vec2vec 在获取嵌入时的计算复杂度显著降低。

为了进一步降低 Vec2vec 的计算复杂度，提出了一种性能几乎没有下降的更轻量级的方法 AVec2vec。不同于 Vec2vec，它采用了一种近似但高效的方法来构建邻域相似图。

3.2 相 关 工 作

相关工作主要涉及两方面：降维学习(dimensionality reduction)和嵌入学习(embedding learning)。降维方法将高维矩阵映射到低维矩阵，而嵌入学习方法是将单词、文档和图等对象转换为低维向量[22]。

3.2.1 降维方法

降维的目的是降低数据向量的维数，同时保留最重要的信息。其中一些方法能保留全局结构[5,6]，而另一些能保留局部几何结构[2,3,28]。此外，还有一些方法利用深度学习进行降维[29][30]。

保留数据集全局结构的方法主要包括主成分分析(PCA)[5]、线性判别分析(LDA)[7]、多维尺度分析(MDS)[9]、等差特征映射(ISOMAP)[1,8]和 Sammon 映射[10-12]。具体来说，线性无监督 PCA 最大限度地提高了低维向量的方差，并且有许多 PCA 变体，如核 PCA(KPCA)法和增量 PCA[31,32]算法；非线性等距映射法(Nonlinear Isomap)优化了邻域图中数据点对之间的测地线距离[1]；线性监督 LDA 法使同一类向量之间的距离最小化，使不同类向量之间的距离最大化。这些全局方法构造稠密矩阵来对每对向量之间的关系进行编码[3]。

还有许多局部降维方法保留了局部几何结构，如局部线性嵌入(LLE)、拉普拉斯特征映射(LE)、t-SNE、LargeVis、UMAP 等。这些方法为每个数据点选择一定的邻域，并通过特征值分解或奇异值分解得到非线性嵌入。非线性 LLE 法将一个数据点建模为其最近邻的线性组合，只保留每个数据点周围的局部结构[15]；而 UMAP 是一种基于黎曼几何和代数拓扑的流形学习技术[2]，它为数据集构造一个加权 k 近邻图，并计算图的低维布局。

随着自编码器[35]的出现，一些方法利用深度学习方法进行降维，如局部堆栈压缩自编码(SCAE)[30]、极限学习机自编码(ELM-AE)[36]、深度自适应范例自编码器(DAE2)[37]和多流形深度度量学习(MMDML)[38]。自编码是一种无监督深度学习技术,用于在降维时捕获数据集的全局结构,它有许多变体[39]。一些方法利用深度学习在降维中保持局部结构。例如,Zhang 等人[30]为每个数据点构建一个邻域,并从邻域学习局部堆栈压缩自编码(SCAE)。Kasun 等人[36]引入了一种名为 ELM-AE 的降维框架,该框架基于极限学习机自编码器学习类间散射矩阵。

经典的全局方法如 PCA 和 LDA 在降维方面表现良好,而局部方法则在模式识别方面显示出了非常理想的应用效果[13,14]。但局部方法通常采用特征值分解或奇异值分解,计算复杂度高,尤其是对大量高维数据。本章设计了一种局部降维方法,对嵌入学习模型进行扩展,降低其计算复杂度。

3.2.2 嵌入学习方法

随着 Word2Vec[18]在词汇表示上的成功应用,嵌入学习被广泛地应用于词汇[19]、文档[20]、网络[40,41]、知识图谱[25]、生物信号[26]和动态图形[27]等研究领域。

文字和文档嵌入表示学习在学术界有着悠久的历史[42]。例如,Mikolov 等[18]人实现了 Word2Vec 并提出了 CBOW 和 skip-gram 模型。Pennington 等[19]人提出了 GloVe 模型,该模型通过矩阵分解学习嵌入。Bojanowski 等[43]人提出了 FastText 模型,用子词信息丰富词嵌入。Le 和 Mikolov[20]提出了 Doc2Vec 模型来学习句子和文档的嵌入。Wang 等[42]人提出了一种张量分解方法,一次性嵌入单词和文档。Skipthoughts[44]、PTE[45]和段落-短语(Paragramphrase)[46]等模型学习句子和文档的嵌入。一些方法[47]尝试利用外部知识改进词汇嵌入。所有这些方法都是利用文本中单词的语境来学习嵌入。它们不能用于一般数字矩阵的降维,因为数字矩阵中没有明显的上下文关系。

此外,还有许多关于网络或图中节点、用户、项和其他实体的嵌入学习的研究工作[22,23,48,49]。Node2vec[40]、Metapath2Vec[50]和 DeepWalk[41]方法首先使用随机游走找到节点的近邻,然后使用 skip-gram 模型学习节点嵌入。一些方法[51,52]利用矩阵分解学习嵌入。TADW[53]和 Tri-NDR[54]等方法共同利用网络的结构和节点的特征学习嵌入。也有一些研究工作学习知识图谱[55]的嵌入，如 TransE[25]、TransConv[56]、RDF2Vec[57]、MrMine[58]、LINE[59]等。

嵌入学习方法为嵌入学习提供了有效的方法。例如，skip-gram 模型具有线性的关于数据点数量的时间复杂度，并已应用于许多应用中，如词嵌入[18]和图嵌入[40,41]。然而，现有的嵌入学习方法仅限于特定的原始数据，如单词、文档、图表等。这是由于它们利用了文本的上下文或图形的结构[22,42]，它们不能直接应用于数字矩阵，因为没有显式的上下文或结构。

3.3 Vector-to-Vector 算法框架

将数据集表示为由 n 个维度为 D 的特征向量 $x_i(i \in 1, 2, 3, \cdots, n)$ 组成的特征矩阵 $\boldsymbol{M} \in \mathbb{R}^{n \times D}$，该特征矩阵可以表示为 $\boldsymbol{M} = [x_1^T, x_2^T, \cdots, x_n^T]^T$。每个特征向量 x_i 代表矩阵 $\boldsymbol{M}$ 在 D 维空间中的一个数据点，称 x_i 为 $\boldsymbol{M}$ 中的一个数据点，在实际应用中，特征维数 D 往往是高维的。我们的目的是利用一个函数 f 将矩阵 $\boldsymbol{M}^{n \times D}$ 转换为一个低维矩阵 $\boldsymbol{Z}^{n \times d} \in \mathbb{R}^{n \times d}(d \ll D)$，同时保留 $\boldsymbol{M}$ 中最重要的信息。降维的定义如式(3.1)所示。

$$\boldsymbol{Z}^{n \times d} = f(\boldsymbol{M}^{n \times D}) \tag{3.1}$$

在式(3.1)中，每个数据点 $x_i \in \boldsymbol{M}(x_i \in \mathbb{R}^d)$ 都代表了一个 d 维向量 $z_i \in \boldsymbol{Z}$，其中 $d \ll D$。为了学习函数 f，需要确定矩阵 $\boldsymbol{M}$ 要捕获的特性，因此假设矩阵 $\boldsymbol{M}$ 的所有维度(变量、特征)都是数值的，不考虑分类变量。表 3.2 列出了本文使用的符号。

表 3.2 符号摘要

符号	含义
$\boldsymbol{M}$	输入矩阵，$\boldsymbol{M} \in \mathbb{R}^{n \times D}$
$\boldsymbol{Z}$	目标矩阵，$\boldsymbol{Z} \in \mathbb{R}^{n \times D}$
D	输入矩阵 $\boldsymbol{M}$ 的维数
d	目标矩阵 $\boldsymbol{Z}$ 的维数
f	降维目标函数
n	矩阵 $\boldsymbol{M}$ 和 $\boldsymbol{Z}$ 中的向量数
sim( )	相似度/距离函数

续表

符号	含义
G	由矩阵 M 建立的邻接相似图
E	M 的相似图 G 的边集
x_i, x_j	矩阵 M 中的一个向量
v_i, v_j	相似图 G 中的一个节点
w	图 G 中一个节点的随机行走次数
l	随机游走的固定长度
c	定义节点上下文的滑动窗口
top-k	选择的最近邻数目
$NC(x_i)$	数据点 x_i 的节点上下文

Vec2vec 旨在保持低维嵌入空间中向量的原始成对相似性，这对于机器学习和数据挖掘有着重要意义。这意味着如果 $\text{sim}(x_i, x_j) \geq \text{sim}(x_a, x_b)$，我们想要 $\text{sim}(z_i, z_j) \geq \text{sim}(z_a, z_b)$ 在低维嵌入空间中，有很多方法可以计算数据的相似性或距离。具体而言，典型的全局相似度或距离方法包括方差和平均距离，而典型的局部相似度或距离方法包括欧氏距离、曼哈顿距离、闵可夫斯基距离、余弦相似度和 Jaccard 相似度。根据应用程序的特性和要保留的属性来决定使用哪种相似函数或距离函数。

在本节中，扩展了用于通用降维的 skip-gram 模型，该模型最初设计用于学习自然语言中的词嵌入。skip-gram 模型假设两个词在句子中有相似的上下文时，那么它们很可能是相似的。考虑到文本的线性性质，很自然地将单词的上下文定义为句子中围绕单词的滑动窗口。然而，数字矩阵中的数据点没有上下文。为了解决这个问题，我们为矩阵建立一个邻域相似图；并将数据点的上下文定义为在图上随机游走的数据点的共现序列。就像句子中的单词一样，基本假设是，如果两个数据点有相似的上下文，它们很可能是相似的。

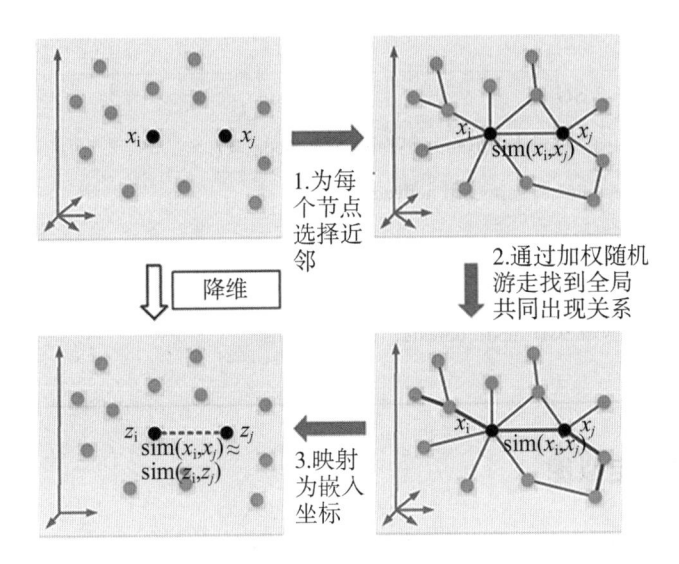

第 3 章　基于神经网络的局部非线性降维方法

图 3.1　Vec2vec 的步骤

如图 3.1 所示，Vec2vec 对矩阵进行降维分为三个步骤。首先，通过为每个数据点选择近邻来构造一个邻近图，计算数据点之间的相似性，并用于设置边缘的权值。其次，将数据点的上下文定义为包含邻域图中数据点的抽样随机游走序列。序列中数据点的共同出现反映了它们的局部相似关系。最后，将 skip-gram 模型扩展到基于数据点上下文的嵌入学习。我们设计了一个详细的目标，该目标最大限度地利用一个数据点的特征表示来观察同时发生的数据点的对数概率。算法 3.1 给出了 Vec2vec 的伪代码。第 1 行的 BuildSimilarityGraph( ) 函数在 3.3.1 小节中有描述。第 5 行的函数 WeightedRandomWalk( ) 的具体描述在第 3.3.2 小节中。第 9 行的函数 EmbeddingWithSGD( ) 用随机梯度下降法 (stochastic gradient descent, SGD) 求解式 (3.1) 的目标函数，具体在 3.3.3 小节中讨论。

算法 3.1　The Vec2vec algorithm
已知：高维数据矩阵 M，目标维度 d，随机游走步数 w，步长 l，窗口长度 c，近邻 top-k，任务数量 njobs；
求：低维目标矩阵 Z
1：SG = BuildSimilarityGraph(M, top-k, njobs)
2：Initialize nodecontexts to Empty
3：for index = l to w do

续表

```
4:   for each node 2 SG do
5:          context = WeightedRandomWalk(SG, node, l)
6:          nodecontexts. append(nodecontext)
7:   end for
8: end for
9: Z = EmbeddingWithSGD(nodecontexts, d, c, njobs)
10: return Z
```

3.3.1 构建相似图

为了定义数据点的上下文，并在矩阵 M 中保持这些数据点之间的相似关系，首先基于它们的两两相似性建立一个邻接图。在定义 1 中给出了矩阵的相似图 SG 的定义。

定义 1(SG)：矩阵 M 的相似图 SG 是一个加权无向图，其中 SG 中的每个节点都与 M 中的一个数据点一一对应，相似图中的边将每个节点与其最相似的邻居连接起来，两个节点的边的权值就是两个对应向量的相似度。

在定义 1 中，对于给定的有 n 个数据点（n 个向量）的矩阵 M，每个数据点 x_i 都代表了 SG 中的一个节点 v_i，因此 SG 中有 n 个节点。如果 $x_i(x_j)$ 是 $x_j(x_i)$ 的相似向量，节点 v_i 和 v_j 则通过一条边连接。考虑两种策略来为一个数据点选择它最相似邻：

(a) ε-邻域($\varepsilon \in \mathbb{R}$)，如果 $\text{sim}(x_i, x_j) > \varepsilon$，节点 v_i 和 v_j 则通过一条边连接。这个几何动机策略两两关系是对称的。然而，很难选择一个合适的 ε。

(b) Top-k 最近邻(top-$k \in \mathbb{N}$)，如果 v_i 是 v_j 的 top-k 最近邻之一，或者 v_j 是 v_i 的 top-k 最近邻之一，则节点 v_i 和 v_j 通过一条边连接起来。Top-k 最近邻很容易实现，配对关系是对称的，但它在几何上不如 ε-领域。选择 top-k 最近邻策略来构建相似图。

为了计算两个节点之间一条边的权值，可以使用很多常用的相似度/距离函数，如向量的欧氏距离、闵可夫斯基距离、余弦相似度。在实验中，选择余弦相似度来衡量边缘的权值。

为了建立矩阵 M 的相似图，首先计算 M 中数据点之间的两两相似度。然后给定一个数据点，对该数据点与其他数据点的相似性进行排序，找出它的

top-k 最近邻。最后，将数据点与其在相似图中的 top-k 最近邻连接起来。建立相似图的计算复杂度为 $O(n^2)$。采用 ball tree 的 k 近邻法（k nearest neighbor，KNN）来建立相似图，将计算复杂度降低到 $O(nlog(n) \cdot D)$。在分布式系统中，使用并行方法可以进一步加快这一步，因为只需要计算 M 中数据向量的两两相似度或距离。

3.3.2 提取节点上下文

将单词的上下文定义为句子中的滑动窗口是很合理的，但是，由于相似图不是线性的，不能用同样的方法定义相似图中数据点的上下文。为了解决这个问题，使用相似图中的随机游走序列来定义数据点的上下文，如定义2所示。在内容推荐、本地社群检测[60]和图表示学习[40,41]等各种问题中，随机游走被用作相似性度量。随机游走算法在检测本地社群方面是有效的，并且可以很容易地并行化，因为许多随机游走可以同时探索图的不同部分。利用随机游走序列的线性性质，将数据点的上下文定义为序列中的滑动窗口。

定义2（相似图中的节点上下文）：相似图中数据点的节点上下文是围绕该数据点的随机游走序列的一部分。

形式上，将长度为l的随机游走序列表示为$(x_{u0}, x_{w1}, \cdots, x_{wl})$，并使用一个小的滑动窗口 c 来定义一个数据点的上下文。给定随机游走序列中的一个数据点 x_{wj}，可以将其节点上下文 $NC(x_{wj})$ 定义为式（3.2）。

$$NC(x_{wj}) = \{x_{wm} \mid -c \leq m-j \leq c, m \in (0, 1, \cdots, l)\} \quad (3.2)$$

随机游走序列是一个马尔可夫链，其中第 $t(t \in \mathbb{N}^+)$ 个数据点仅依赖于第 $(t-1)$ 个数据点 $x_{w(t-1)}$，它从一个选定的节点 x_{u0} 开始，每一步以指定的概率移动到一个邻居节点。相似图中的随机游走序列可以定义为：假设 v_b 是 $(t-1)$ 个数据点 $x_{w(t-1)}$，则选择 $v_a[(v_a, v_b) \in E]$ 为第 t 个数据点概率，见式（3.3）。根据式（3.3）从初始数据点 x_{u0} 定义随机游走序列 $(x_{u0}, x_{w1}, \cdots, x_{wl})$。

$$P(x_{wt} = v_a \mid x_{w(t-1)} = v_b) = \begin{cases} \dfrac{\sim(v_a, v_b)}{\mathbb{Z}}, & if(v_a, v_b) \in E \\ 0, & otherwise \end{cases} \quad (3.3)$$

式中，E 为相似图的边缘集，$\sim(v_a, v_b)$ 是 v_a 和 v_b 的边权值。$\mathbb{Z}$ 是标准化常数，$\mathbb{Z} = \sum\limits_{(v_b, v_i) \in E} \sim(v_b, v_i)$。这意味着选择 v_b 的近邻为第 t 个数据点的概

率之和等于1.0，如式(3.4)所示。

$$\sum_{(v_b,v_i)\in E} P(x_{wt}=v_i \mid x_{w(t-1)}=v_b) = 1.0 \quad (3.4)$$

对于相似图中的每个数据点，预定义了随机游走的次数 w 和每次随机游走的长度 l。我们的方法确保 M 中的每个数据点都采样到数据点的节点上下文。

在本节中，假设没有一个数据点与其他数据点的相似性太小而无法考虑。这意味着相似图中没有孤立的节点。如果数据集不是太小或太稀疏，就像我们实验中的图像和文本数据集，这个假设是合理的。

3.3.3　学习低维嵌入

在提取相似图中数据点的节点上下文的基础上，将 skip-gram 模型扩展到学习矩阵中向量的嵌入。skip-gram 模型的目的是利用单词的上下文来学习单词的连续特征表示[61]。基于 skip-gram 模型学习 Vec2vec 中指标的低维嵌入表示的架构，如图3.2所示。它是一个只有一个隐含层的神经网络，该网络的目标是学习隐含层的权值矩阵 W，它实际上是原始高维矩阵 M 的目标嵌入矩阵 $Z(Z=W)$。

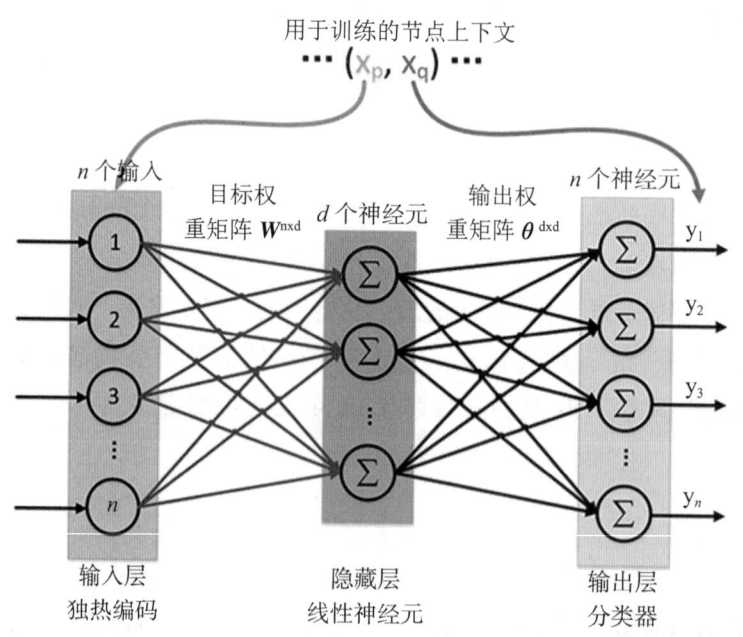

图3.2　基于 skip-gram 模型学习 Vec2vec 中指标的低维嵌入表示的体系结构

第3章 基于神经网络的局部非线性降维方法

在图3.2所示的嵌入学习模型中,对于矩阵 M 中的每个数据点 x_i,将节点 x_i 的上下文 $(x_i, x_j)(x_j \in NC(x_i))$ 输入模型中,使用独热编码来表示节点上下文中的数据点。在独热编码中,数据点 x_i 表示为向量 $o_i \in \mathbb{R}^n$,其中除了第 i 个元素为 1 外,所有元素都为 0。给定权重矩阵 $W = [W_1^T, W_2^T, \cdots, W_n^T]^T \in \mathbb{R}^{n \times d}(w_i \in \mathbb{R}^d)$,输入数据点 x_i 的隐藏层输出向量 z_i 可以计算为 $z_i = (o_i^T \cdot W)^T$ $(z_i \in \mathbb{R}^d)$。因为 o_i 是独热编码,所以 z_i 等于 w_i。z_i 也是 x_i 的目标低维表示,计算方法如式(3.5)。

$$z_i = f(x_i) = o_i \cdot W = w_i^T \tag{3.5}$$

模型的输出层是一个 softmax 回归分类器。输出层的输入是 x_i 的目标嵌入向量 z_i。这一层的输出是所有数据点与输入 x_i 的共现概率分布。使用3.3.2小节定义的相似图节点上下文中的数据点对训练神经网络。我们将降维定义为一个极大似然优化问题,寻求优化的目标函数如式(3.6)所示。

$$\max_{f} \sum_{x_i \in M} \log Pr(NC(x_i) \mid f(x_i)) \tag{3.6}$$

式(3.6)中,目标函数通过映射函数 $f: W^{n \times D} \to \mathbb{R}^{n \times d}$ 使数据点 $x_i(x_i \in M)$ 在特征表示 $z_i = f(x_i)$ 的条件下,其观察节点上下文 $NC(x_i)$ 的对数概率最大。$NC(x_i)$ 的定义如式(3.2)。与原始的 skip-gram 模型不同,我们建立邻域相似图 SG 并定义节点上下文来计算 $NC(x_i)$。

为了优化式(3.6),假设在给定源的表示形式下,观察一个邻域数据点的可能性与观察任何其他邻域数据点的可能性是独立的。因此,式(3.6)可以整理为式(3.7)。

$$\max_{f} \sum_{x_i \in M} \log \prod_{x_j \in NC(x_i)} Pr(x_j \mid f(x_i)) \tag{3.7}$$

在式(3.7)中,数据点对 $(x_i, x_j)(x_j \in NC(x_i))$ 用于训练模型。$\theta = [\theta_1^T, \theta_2^T, \cdots, \theta_n^T]^T$ 为输出权矩阵,$\theta_j^T(\theta_j \in \mathbb{R}^d)$ 为 θ 的第 j 列,对应数据点 x_j 的输出权重。如图3.2所示,利用 softmax 函数计算式(3.7)中的 $Pr(x_j \mid f(x_i))$,$Pr(x_j \mid f(x_i))$ 可由式(3.8)计算得到。

$$Pr(x_j \mid f(x_i)) = \frac{\exp(\theta_j^T \cdot f(x_i))}{\sum_{x_m \in M} \exp(\theta_m^T \cdot f(x_i))} \tag{3.8}$$

$Pr(x_j \mid f(x_i))$ 在大型数据集中计算成本很高,因为其复杂性与数据点的

数量成正比。因此，采用负采样的方法来快速计算。设 $P_n(x)$ 为选择负样本的噪声分布，k 为每个数据样本的负样本个数，则 $Pr(x_j|f(x_i))$ 的计算过程如式(3.9)所示。

$$Pr(x_j|f(x_i)) = \sigma(\theta_j^T \cdot f(x_i)) \times \prod_{neg=1}^{k} E_{x_{neg} \sim p_n(x)}[\sigma(\theta_{neg}^T \cdot f(x_i))] \quad (3.9)$$

其中，$\sigma(w) = 1/(1+exp(-w))$。按照以往经验，$P_n(x)$ 可以是 3/4 次方的一元模型分布[61]。

因此，设式(3.5)中 $f(x_i) = w_i$，则低维嵌入学习的目标函数可写成式(3.10)。

$$\max_{f} \sum_{x_i \in M} \sum_{x_i \in NC(x_i)} [\log\sigma(\theta_j^T \cdot w_i)] + \sum_{neg=1}^{k} E_{x_{neg} \sim p_n(x)} \log\sigma(-\theta_{neg}^T \cdot W_i)$$

$$(3.10)$$

不同于原来的 skip-gram 模型，为了缓解过度拟合的问题，对目标函数加入平方欧几里得范数归一化。需要最小化的最终目标函数如式(3.11)，采用随机梯度下降法(SGD)训练神经网络。

$$J(W, \theta) = -\frac{1}{n}\{\sum_{x_i \in M} \sum_{x_i \in NC(x_i)} [\log\sigma(\theta_j^T \cdot w_i)] + \sum_{neg=1}^{k} E_{x_{neg} \sim p_n(x)}$$

$$\log\sigma(-\theta_{neg}^T \cdot W_i)\} + \frac{\lambda}{2}(\|W\|_2 + \|\theta\|_2) \quad (3.11)$$

3.3.4 复杂性分析

Vec2vec 主要由以下三个步骤组成。(1)在建立邻域相似图部分，计算复杂度由原来的 $O(n^2) \cdot D$ 降低到 $O(nlogn \cdot D)$。利用 ball tree 的 k 近邻算法。内存复杂度为 n^2。这部分可以通过使用并行方法进一步加快，因为计算矩阵中向量的两两相似度可以被分割成更小的部分。(2)在提取相似图中的节点上下文部分，Vec2vec 模拟了固定次数的固定长度为 l 的随机游走 w，导致迭代次数固定。计算和内存开销都是 $O(nlw)$。由于 w 和 l 是固定的小数，因此计算和存储成本为 $O(n)$。(3)对于单层神经网络使用随机梯度下降(SGD)学习嵌入表示部分，计算量和内存开销均为 $O(n \cdot d)$，其中 d 为 Vec2vec 的目标维数。所以总的计算和内存复杂度是 $O(nlogn \cdot D + n \cdot d)$ 和 $O(n^2)$。

如果数据点的数量远远大于原始维数($n \geq D$)，可以将矩阵 M 的转置矩阵

($M^T \in \mathbb{R}^{D \times n}$)输入 Vec2vec 方法中。在这种情况下，如果 Z($Z \in \mathbb{R}^{D \times d}$，$d$ 为目标维数)是使用我们的 Vec2vec 方法得到 M^T 的目标低维矩阵，可以得到 M 的目标低维矩阵 Z'($Z' \in \mathbb{R}^{n \times d}$) of M as $Z' = M \cdot Z$。计算复杂度由 $O(n\log n \cdot D + n \cdot d)$ 变为 $O(D\log D \cdot n + n \cdot d \cdot D)$。

表 3.1 比较了三种最先进的局部降维方法和 Vec2vec 的复杂性。对于 LLE 和 LE 方法，寻找最近邻的计算复杂度可以降低到 $O(n\log n \cdot D)$，其矩阵分解部分的计算复杂度为 $O(n^2 \cdot d)$[15,16]。Vec2vec 使用带有一个隐藏层的神经网络，而不是矩阵分解来学习低维，这将计算复杂度从 $O(n^2 \cdot d)$ 降低到 $O(n \cdot d)$。Umap 方法的计算复杂度和内存复杂度分别为 $O(n^{1.14} \cdot D + k \cdot n)$ 和 $O(n^2)$，和 Vec2vec 很接近。

3.4　Approximate Vec2vec 算法

在本节中，引入了一种更轻量级的局部降维方法 Approximate Vec2vec(AVec2vec)，对 Vec2vec 方法的计算性能做了进一步的改进。与 Vec2vec 方法构建矩阵的精确邻域相似图不同，AVec2vec 方法引入了一种更高效的近似 k-最近邻方法来构建相似图，进一步减少了计算时间，但对降维性能影响不大。有许多有效的近似 k-最近邻算法，如 FAISS、FLANN 等[62,63]。

使用 FAISS(facebook ai similarity search)来建立一个近似索引，用于查找矩阵中某个数据点的邻元素。FAISS[63]是一个对向量数据进行高效相似度搜索的库，它支持百万到十亿尺度的数据集的最近邻搜索，Vec2vec 的默认相似/距离函数是余弦相似度。

对于矩阵 $M \in \mathbb{R}^{n \times d}$，首先用欧几里得范数对每个数据点进行规范化。对于给定的矩阵 $M = [X_1^T, X_2^T, X_1^T, \cdots, X_n^T]^T \in \mathbb{R}^{n \times d}$，归一化矩阵 M_{L2} 可以表示为式(3.12)。

$$M_{L2} = [x_1/|x_1|^T, x_2/|x_2|^T, \cdots, x_n/|x_n|^T]^T \quad (3.12)$$

其中，$x_i \in M(i \in \{1, 2, \cdots, n\})$ 是矩阵 M 的一个 D 维向量，然后用归一化矩阵 M_{L2} 代替 M，在 FAISS 库上建立 IVF-Flat 索引来构建邻域相似图。我们以余弦相似度作为相似性度量来构建 IVF-Flat 索引，并基于 IVF-Flat 索引搜索

M_{12} 中每个数据点的 top-k 最近邻来构建邻域相似图。在建立相似图之后，我们的 AVec2vec 方法的后续步骤与 Vec2vec 方法相同，它们使用相同的方法提取节点上下文，都使用 3.3.2 和 3.3.3 部分所示的方法学习低维嵌入表示。

3.5 实 验 分 析

在本节中，首先测试和分析了 Vec2vec、AVec2vec 以及三种最先进的局部降维方法的计算时间。然后，将 Vec2vec 和 AVec2vec 算法与 6 种最先进的全局或局部方法进行数据分类和聚类任务的维数降维，并评估了 Vec2vec 和 AVec2vec 在 8 个常用的降维数据集上的性能[30]。最后，对 Vec2vec 方法的参数敏感性进行了测试和分析。

3.5.1 实验设置

为了进行性能分析，将 Vec2vec 与 6 种最先进的无监督降维方法进行比较，包括主成分分析（PCA）、经典多维标度（CMDS）、等高线映射（Isomap）、局部线性嵌入（LLE）、拉普拉斯特征映射（LE）[16]和统一流形逼近与投影（UMAP）[2]。PCA、CMDS、Isomap 是典型的全局方法，LLE、LE、UMAP 是典型的局部方法。从 Github 获取 UMAP 的实现方法，并使用 scikit-learn 工具包实现其他方法。为了优化方法以获得良好的性能，对于 Isomap、LLE、LE 和 Umap，我们尝试了步长为 2 的区间[2,30]内的每个数据点近邻数，并在具有 32 核和 128 GB 内存的服务器上进行实验。

我们没有与 Word2vec[61]、Doc2vec[20]、Node2vec[40]、Deepwalk[41]和 LINE[59]等方法进行对比，因为它们是专门为单词、文档、图形或网络设计的，不能适应矩阵的降维。下面简要介绍 6 种作为比较的降维方法：

主成分分析（PCA）：PCA 是一种线性全局降维方法，通过将数据嵌入低维的线性子空间进行降维。它是目前最受欢迎和强大的无监督线性技术[10]。

经典多维尺度（CMDS）：CMDS 寻求数据的低维表示，其中距离尊重原始高维空间中的距离[9]。它试图将相似或不同数据建模为几何空间中的距离，并保留数据的全部结构。

第 3 章　基于神经网络的局部非线性降维方法

ISOMAP：ISOMAP 是广泛应用的全局非线性降维方法之一。它用于计算一组高维数据点的准等距低维嵌入。该算法提供了一种估计数据流形在几何概念上的方法。它是基于流形上每个数据点的邻居的粗略估计。它是有效的，通常适用于广泛的数据源。

局部线性嵌入 LLE：LLE 是一种基于流形几何概念的流形学习方法。它只保留数据的局部属性，并将高维数据点视为其最近邻居的线性组合。

拉普拉斯算子 Eigenmaps(LE)：与 LLE 类似，LE 通过保留流形的局部属性来寻找低维数据表示[16]。局部性质是基于邻近邻居之间的成对距离。

UMAP：统一流形逼近和投影(UMAP)是一种局部降维技术，它不仅可以用于可视化，还可以用于一般的非线性降维[2]。

为了进行分类和聚类实验，从不同的领域选择了四个具有代表性的真实世界数据集(图像数据集)：SVHN 数据集、COIL20 数据集、CIFAR-10 数据集和 MNIST 数据集。它们被广泛应用于降维研究中，下面将对它们做一个简单的介绍。

(1) SVHN 数据集。SVHN(the street view house numbers)[64]街景屋是用于目标识别算法的真实图像数据集，由谷歌街景图像中的房屋编号获得。共有 10 个类 630 420 张图片。在数据集中，所有的 RGB 图像都被调整为 3 个通道的 32×32 像素的固定分辨率，因此我们实验中的向量位于一个 3 072 维空间中。出于计算的原因，随机选择 5 000 位数字进行实验[10]。

(2) COIL20 数据集。COIL20 数据集包含 1 440 张图像。有 20 个不同的物体，每个物体有 72 个视角。这些图像有 32×32 像素，它们可以是 1 024 维空间中的向量。

(3) CIFAR-10 数据集。CIFAR-10 数据集由 10 个类别的 60 000 张彩色图像组成，每个类别 6 000 张图像。每幅图像都是 3 个通道 32×32 像素的固定分辨率，因此向量在一个 3 072 维的空间中。出于计算的考虑，随机选取了 5 000 张图像进行实验。

(4) MNIST 数据集。MNIST 数据集包含 10 个类别的 6 万个手写数字。MNIST 数据集中的每一幅图像都是 28×28 像素的固定分辨率，因此可以认为它们是 784 维空间中的点。由于计算的考虑，随机选择了 5 000 位数字进行实验[10]。

为了测试 Vec2vec 和 AVec2vec 在高维数据中的性能,将 Vec2vec 与 6 种方法在文本数据集上进行了比较。从不同的领域中选择了四个典型的文本数据集:电影评论数据集[65]、20 新闻组数据集、20 新闻组短数据集、以及谷歌 snippets 数据集[66],这些数据集的维数为 $10^4 \sim 10^5$。执行一些标准的文本预处理步骤,比如在数据集上进行词干化、删除停止词、词汇化和小写。我们采用 TFIDF 方法来计算单词的权重。

(1) Movie Reviews(Movie):这个合集[65]包含了 2 000 篇电影评论。有 1 000 条评论表达了对这部电影的正面意见,1000 条评论表达了负面意见。

(2) 20 Newsgroups(20 News):剔除重复文档和罕见词[67]后,共收录 18 825 篇文章,共 20 个类别(每个类别约有 1 000 个文档)。文章取自"Usenet"新闻组集合,只使用每条消息的主题和正文。由于计算的原因,随机选择了 2 000 个文档进行实验。

(3) 20 Newsgroups Short(20 News-Short):为了评估我们的降维方法在短文本分类中的性能,只使用 20 新闻组数据集中文章的标题[68]。

(4) Google Snippets(Snippets):这个带标签的集合是使用 JWebPro[66]从谷歌搜索中检索到的,它由 12 000 个片段(10 000 个用于培训,2 000 个用于测试)组成,并被标记为 8 个类别。数据集中的片段长度平均约为 17.99 个单词。

实验中使用的 8 种文本和图像数据集信息对比见表 3.3 所列。

表 3.3 实验中使用的 8 个文本和图像数据集的详细信息

比较内容	数据集名称	使用数据数量	维数
图像数据集	MNIST	5 000	784
	Coil-20	1 440	1 024
	CIFAR-10	5 000	3 072
	SVHN	5 000	3 072
文本数据集	Movie Reviews	5 000	26 197
	Google Snippets	5 000	9 561
	20 Newsgroups	2 000	374 855
	20 Newsgroups Short	2 000	13 155

3.5.2 计算时间

通过改变数据点的数量和数据集的维数，比较了 Vec2vec 和 AVec2vec 与三种最先进的局部降维方法的计算时间。在具有 32 个核心和 128 GB 内存的服务器上进行实验。

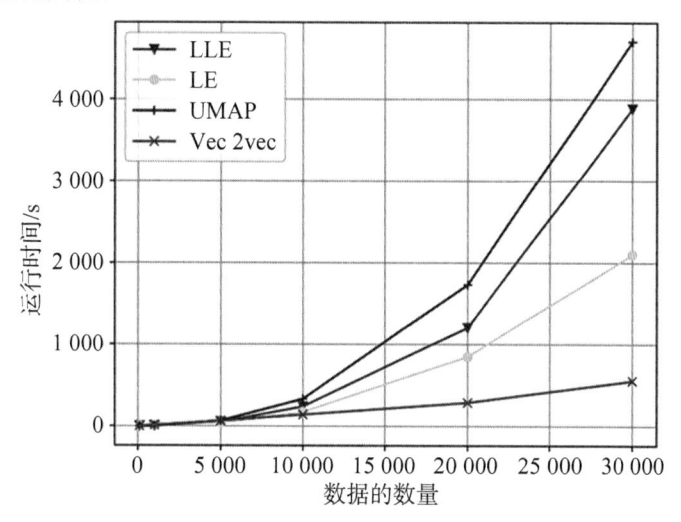

(a)运行时间随着个数增加变化

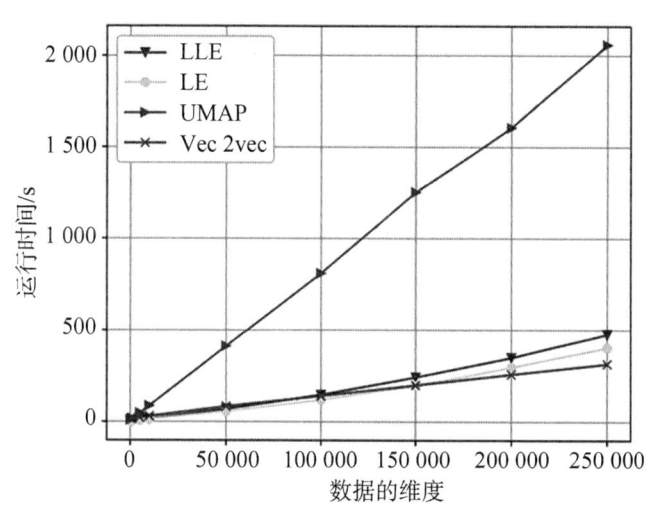

(b)运行时间随数据维数增加变化

图 3.3　方法运行时间

图 3.3(a) 显示了 AVec2vec、Vec2vec、UMAP 等局部降维方法随着 SVHN 数据集上数据数量的增加的计算效率。受限于服务器的计算能力，我们的实

验数据数量只能扩展到 30 000。如图 3.3(a)所示,当输入矩阵 M 中的数据数量达到 5 000 时,UMAP 的计算时间最少。而 UMAP 的计算时间随着 M 中数据点数的增加增长最慢。当 M 中的数据数小于 1 000 时,LLE 和 LE 比 UMAP、Vec2vec 和 AVec2vec 需要的计算时间更少。例如,当数据数为 1 000 时,UMAP、LLE、LE、Vec2vec、AVec2vec 的计算次数分别为 2.64、1.57、9.96、11.06、10.61。LLE 和 LE 的运行时间随着数据点的增加而急剧增加,尤其是当 M 中的数据数达到 10 000 时。例如,当 M 的数据数为 25 000 时,UMAP 的计算时间为 384.82 s,LLE 的计算时间为 1 504.38 s,LE 的计算时间为 935.36 s。AVec2vec 和 Vec2vec 的计算次数随着数据量的增加分别排在第二和第三位。计算时间分别为 216.93 s 和 243.70 s。结果表明,AVec2vec 中的近似 k-最近邻算法与 Vec2vec 中的精确 k-近邻算法相比,可以减少构建相似图的计算时间。

图 3.3(b)显示了这几种局部降维方法随"20 新闻组"数据集维数变化的计算次数。在数据集中,维数可以达到 374 855,比 SVHN 数据集大得多。受服务器计算能力的限制,在我们的实验中,输入矩阵 M 的维数只能扩展到 250 000。可以观察到 AVec2vec 方法在维数达到 50 000 时所需时间最短,而 LE 方法在维数小于 50 000 时所需时间最短。AVec2vec 在所有维数上的计算时间都小于 Vec2vec。当维数达到 1 000 时,AVec2vec 和 Vec2vec 比 UMAP 需要的时间更少,UMAP 的计算时间随着维数的增加得更快。实验结果表明,AVec2vec 和 Vec2vec 比 UMAP、LLE 和 LE 更适合用于高维数据的降维。

综上所述,UMAP 对大量数据具有可扩展性,但对数据维数的增长较为敏感,而 Vec2vec 和 AVec2vec 对于高维数据比 UMAP 更有效。LLE 和 LE 在小数据量和低维数据中具有更好的性能。

3.5.3 数据分类

在所有分类实验中,使用 KNN 作为后面的分类器[10],并在 Scikit-learn 中实现。对于 KNN 中参数 k 的选择,使用 GridSearch 方法找到最佳参数 k(k =1, 3, 5, 7, 9, 11)。还可以采用 4 倍交叉验证的方法来检验不同方法的性能,并以分类准确率作为性能的衡量标准。根据统计中的经验法则,我们报告了平均准确度和 95% 置信区间的准确度估计(2 倍标准差)。

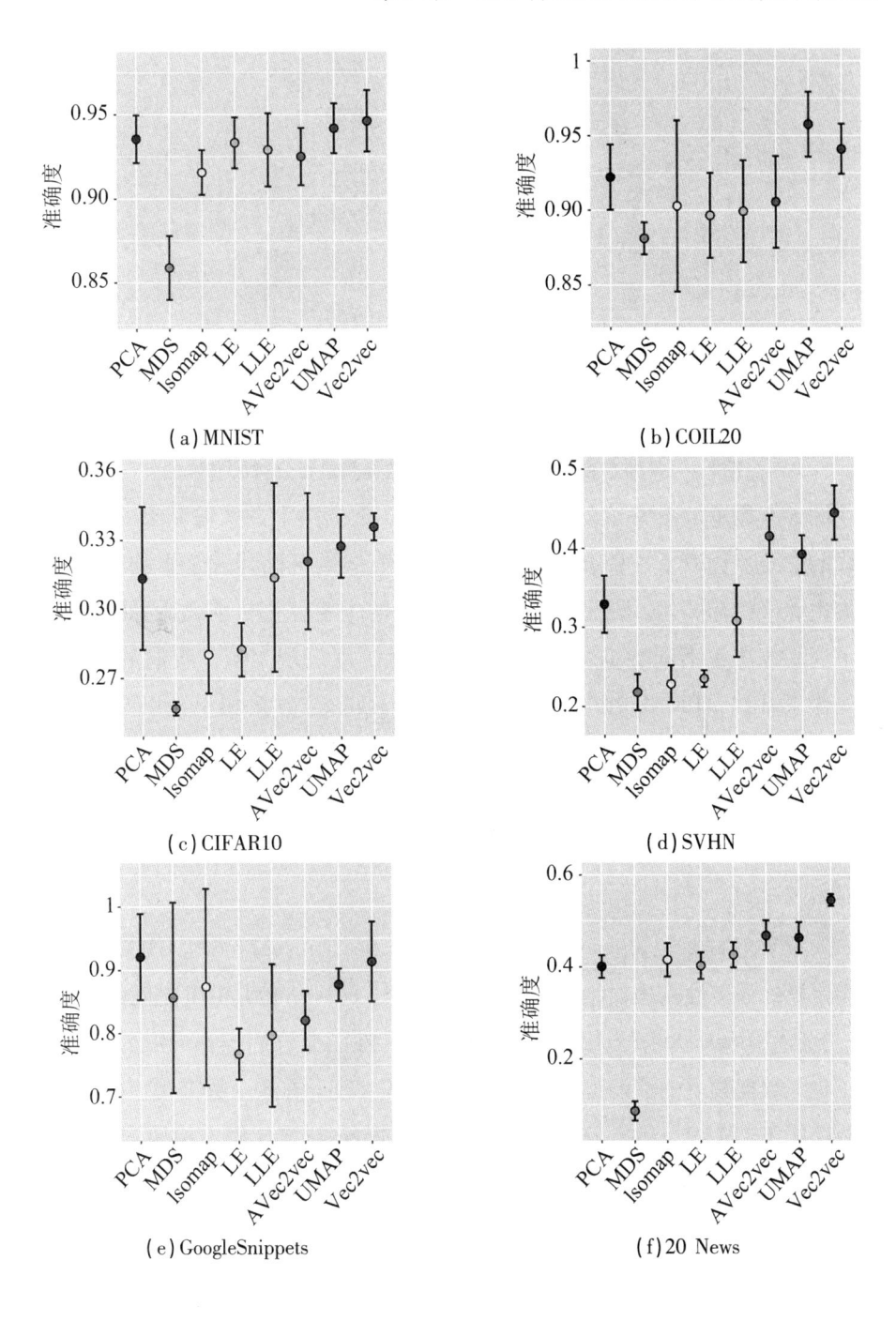

第 3 章　基于神经网络的局部非线性降维方法

(a) MNIST

(b) COIL20

(c) CIFAR10

(d) SVHN

(e) GoogleSnippets

(f) 20 News

(g) 20 NewsLong　　　　　　　　(h) Movie

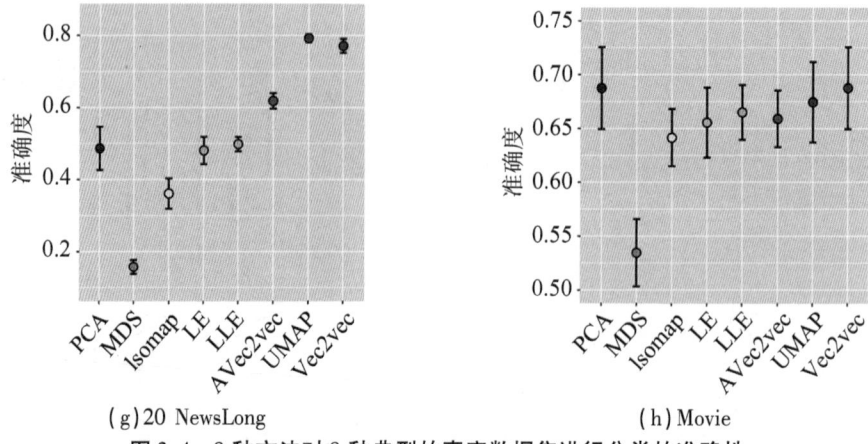

图3.4　8种方法对8种典型的真实数据集进行分类的准确性

图3.4显示了图像和文本分类在8个真实数据集上的实验结果。在图中，直线的中心点代表了一种方法的平均精度，直线的区间代表了平均精度减去或加上2倍的标准差。以平均精度作为方法的主要评价标准，而标准差则反映了这些方法在不同数据集上的性能稳定性。可以观察到，我们的Vec2vec算法优于基线，UMAP在"Coil20"和"20 NewsLong"数据集上，以及PCA在"GoogleSnippets"数据集上除外。在"Coil20"数据集上，UMAP和Vec2vec的精度分别为0.957 6(+/-0.021 7)和0.941 0(+/-0.016 8)，Vec2vec的精度次之。对于"谷歌snippets"和"20新闻组"数据集，Vec2vec也获得了第二好的性能。

采用学生t检验(alpha = 0.1)来检验Vec2vec、AVec2vec和UMAP之间的性能差异的显著性。假设结果服从高斯分布。Vec2vec和UMAP之间的h值和p值分别为0和0.154 3。因此，UMAP在统计性能上与Vec2vec相当，两种方法在8个数据集上的性能没有显著差异，但Vec2vec在8个数据集上的大多数性能都优于UMAP。还比较了UMAP和AVec2vec与统计假设检验的性能。h值和p值分别为0和0.135 5，因此UMAP在统计上并没有明显优于AVec2vec。说明了AVec2vec在数据分类方面的良好性能。

我们采用学生t检验(alpha = 0.1)来检验Vec2vec与其他方法性能差异的显著性。对于局部LLE和LE方法，H值均为1，p值分别为0.019 5和0.012 2。因此，Vec2vec在8个数据集上明显优于LLE和LE。对于全局PCA、CMDS和Isomap方法，p值分别为0.081 9、0.021 9和0.037 2。H值均为1。因此，

Vec2vec 在 8 个数据集中明显优于全局 PCA、CMDS 和 Isomap。还比较了 AVec2vec 方法与 LLE、LE 和 MDS 方法的性能，H 值均为 1，p 值分别为 0.074 1、0.039 3 和 0.036 8。因此，AVec2vec 在 8 个数据集上明显优于 LLE、LE 和 MDS。结果表明，AVec2vec 在数据分类方面具有良好的性能。

3.5.4 数据分组

在所有聚类实验中，由于 RBF(radial basis function，径向基函数)核[69]被广泛使用，都采用了光谱聚类。在 scikit-learn 库中使用光谱聚类的实现。在我们的实验中，将光谱聚类的簇数设置为数据集中的类数，并设置的范围超参数伽马从 10^{-6} 到 10^1。使用调整后的 Rand 指数(ARI)作为性能指标。ARI 是一个衡量两个聚类之间相似性的函数，它考虑了排列和归一化。它被广泛用于衡量聚类算法的性能，ARI 值越大表示算法性能越好。

为了测试 Vec2vec 和 AVec2vec 的性能，我们将它们与 PCA、LLE、LE、CMDS、Isomap 和 UMAP 在 8 个图像和文本数据集中进行比较。表 3.4 显示了 Vec2vec 和 AVec2vec 在 4 个图像数据集上的 ARI 结果和基线。可以发现，Vec2vec 在"COIL20"和"CIFAR-10"数据集上的性能最好，而 UMAP 在其他两个数据集上的性能最好。对于"CIFAR-10"和"SVHN"数据集，7 种方法的 ARI 结果都很小。表 3.5 显示了 4 个文本数据集的 ARI 结果。可以发现 Vec2vec 在 4 个数据集上得到了最好的 ARI 结果。

表 3.4 方法在图像聚类中的性能对比

比较内容	方法	MNIST	COIL20	CIFAR-10	SVHN
全局结构	PCA	0.368 2	0.626 9	0.059 8	0.018 5
	CMDS	0.374 7	0.647 2	0.057 9	0.000 2
	Isomap	0.513 6	0.567 0	0.053 3	0.006 3
局部结构	LLE	0.395 0	0.452 2	0.044 3	0.004 9
	LE	0.110 4	0.457 0	0.011 3	0.000 8
	UMAP	0.681 9	0.737 6	0.004 4	0.060 4
	AVec2vec	0.403 6	0.626 0	0.050 1	0.013 5
	Vec2vec	0.554 9	0.809 3	0.060 5	0.020 0

表 3.5　方法在高维文本数据集上的性能对比

比较内容	方法	Snippets	20News-Short	20News	Movie
全局结构	PCA	0.007 0	0.014 0	0.042 1	0.001 6
	CMDS	0.100 7	0.001 0	0.004 0	0.000 6
	Isomap	0.005 6	0.017 8	0.089 2	0.021 6
局部结构	LLE	0.015 1	0.006 6	0.078 0	0.013 6
	LE	0.008 2	0.002 4	0.006 5	0
	UMAP	0.314 5	0.044 7	0.306 5	0.002 0
	AVec2vec	0.277 8	0.041 1	0.141 1	0.021 4
	Vec2vec	0.519 1	0.108 5	0.306 6	0.108 0

我们采用学生 t 检验(alpha = 0.1)来检验 Vec2vec、AVec2vec 和 UMAP 在统计学上的显著性差异。Vec2vec 和 UMAP 的 H 值为 0，p 值为 0.272 5。因此，UMAP 在统计性能上与 Vec2vec 相当，两种方法在 8 个数据集上的性能没有显著差异。AVec2vec 与 UMAP 之间的 H 值和 p 值分别为 0 和 0.100 6。UMAP 在统计上并不比我们的 AVec2vec 好多少。结果表明，AVec2vec 在数据聚类方面具有良好的性能。

我们还采用学生 t 检验(alpha = 0.1)来检验其他五种方法与 Vec2vec 之间的显著性差异。对于局部 LLE 和 LE 方法，H 值均为 1，p 值分别为 0.018 8 和 0.009 7。因此，Vec2vec 在统计上明显优于 LLE 和 LE。对于全局 PCA、CMDS 和 Isomap 方法，p 值分别为 0.024 3、0.014 1 和 0.041 1，H 值均为 1。因此，Vec2vec 在统计数据上明显优于全局 PCA、CMDS 和 Is-omap。还比较了 AVec2vec 方法与 LLE、LE 和 MDS 方法的性能，H 值均为 1，p 值分别为 0.076 5、0.018 3 和 0.098 9。因此，AVec2vec 在 8 个数据集上明显优于 LLE、LE 和 MDS。结果表明，AVec2vec 在数据聚类方面具有良好的性能。

3.5.5　参数灵敏度

Vec2vec 和 AVec2vec 算法涉及多个超参数，如目标维数 d，用于构建相似图的近邻 top-k 的数量，相似图中每个数据点的随机漫步的数量 w，每个随机漫步的长度 l，滑动窗口大小 c，用于定义一个随机行走序列中当前数据点与

第 3 章　基于神经网络的局部非线性降维方法

预测数据点之间的最大距离，以及用于训练神经网络的迭代次数（epoch）。我们研究了参数如何影响 Vec2vec 在 4 个图像数据集上的降维性能。这些参数对 AVec2vec 和 Vec2vec 具有相同的影响。我们进行 4 次交叉验证，采用 KNN 作为分类器[10]，并以准确性评分作为性能指标。在测试参数灵敏度的实验中，除测试参数外，其他参数均设置为默认值。

图 3.5 展示了 Vec2vec 在 4 个图像数据集上 6 个参数变化时的性能评价。从 4 个数据集上的实验结果可以看出，当 6 个参数都达到一定值时，Vec2vec 的性能最好，并且趋于稳定。这一点很重要，因为在实际应用中很容易选择 Vec2vec 的参数。例如，对于目标维 d，当维 d 近似等于数据集中类的数量时，Vec2vec 获得最佳性能，这是数据集的真实维数。在构建相似图时，关于 top-k 的邻居数参数，当 top-k 都小于 5 时，Vec2vec 的性能最好。结果还表明，Vec2vec 和 AVec2vec 中的邻域相似图是稀疏的，我们的方法是有效的。

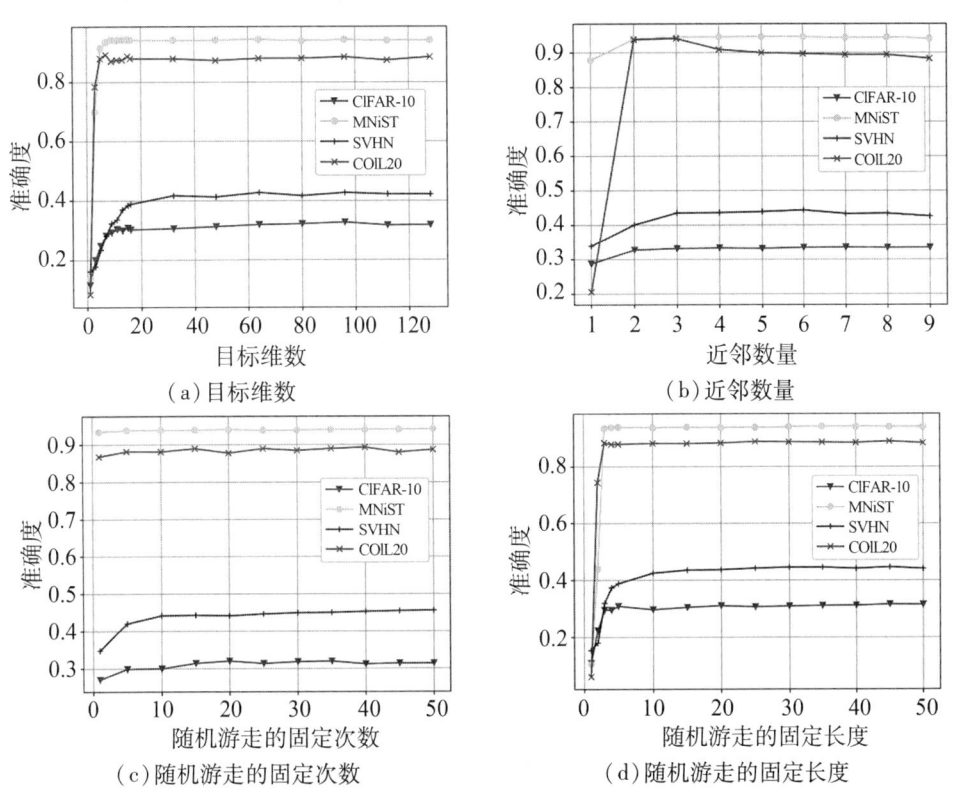

(a) 目标维数

(b) 近邻数量

(c) 随机游走的固定次数

(d) 随机游走的固定长度

(e)滑动窗口大小 　　　　　　(f)迭代次数

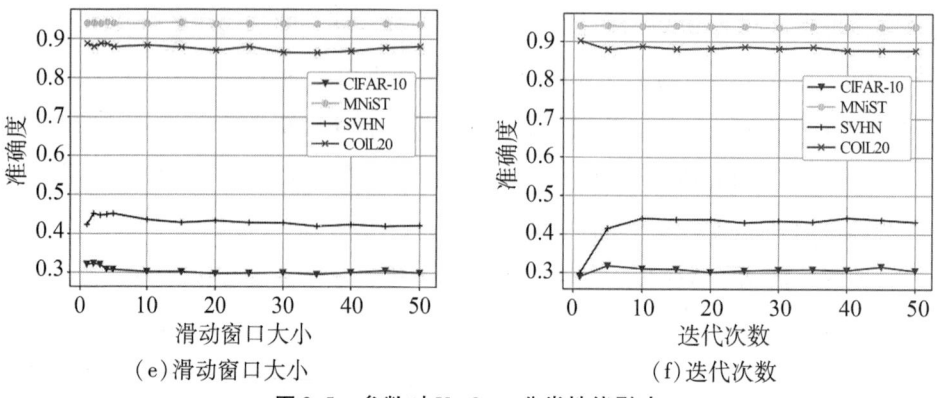

图 3.5　参数对 Vec2vec 分类性能影响

3.6　本章总结

局部非线性降维方法 Vec2vec 将用于词汇表征学习的 skip-gram 模型推广到更常见的矩阵。为了保持矩阵中数据点降维后的相似性，选择数据点的邻域，建立邻域相似图。我们提出了相似数据点在特征空间中存在相似上下文的猜想，并将上下文定义为邻域图中随机游走序列中的数据点的共现。此外，还提出了一种更轻量级的 Vec2vec 自适应算法 AVec2vec。与 Vec2vec 不同的是，它采用近似而非精确的方法来构建邻域相似图。

对 8 个典型的真实数据集进行了大量的数据分类和聚类实验，以评估我们的方法。实验结果表明，Vec2vec 方法优于几种经典的降维方法，并在统计假设检验的数据分类和聚类任务上和最新发展的 UMAP 方法具有一定竞争力。AVec2vec 方法优于 LLE、LE 和 MDS 方法，并在数据分类和聚类任务上与 UMAP 方法具有一定竞争力。此外，分析对比了 Vec2vec、AVec2vec 以及最新的局部降维方法（UMAP、LLE 和 LE）的计算复杂度，发现 Vec2vec 和 AVec2vec 在高维数据上比三种最先进的局部流形学习方法更有效，所需的计算时间更少。UMAP 可以扩展为一个数据量大，但对数据维数的增长敏感的方法。我们的 Vec2vec 和 AVec2vec 在大量数据和高维数据中都是高效的，而 LLE 和 LE 在少量数据和低维数据中获得了更高的计算性能。我们也分析 Vec2vec 的参数敏感性，发现当各超参数达到一定值时，Vec2vec 是稳定的。未来，将尝试进一步提高 Vec2vec 和 AVec2vec 的计算效率，专注于减少构建

第 3 章　基于神经网络的局部非线性降维方法

邻域相似图和随机游走步骤的计算时间，因为这将花费大部分的计算时间。

3.7　本章参考文献

［1］TENENBAUM J B, SILVA V D, LANGFORD AND J C. A global geometric framework for nonlinear dimensionality reduction［J］. Science, 2000, 290 (5500): 2319-2323.

［2］MCINNES L, HEALY J. Umap: Uniform manifold approximation and projection for dimension reduction［J］. Journal of Open Source Software, 2018, 3(29): 861.

［3］TING D, JORDAN M I. On nonlinear dimensionality reduction, linear smoothing and autoencoding［J］. arXiv preprint arXiv,, 2018, 1803. 02432

［4］ZHANG Z, YAN S, ZHAO M. Pairwise sparsity preserving embedding for unsupervised subspace learning and classification［J］. IEEE Transactions on Image Processing, 2013, 22(12): 4640-4651.

［5］HOTELLING H. Analysis of a complex of statistical variables into principal components［J］. Journal of Educational Psychology, 1933, 24(6): 417.

［6］KANG Z, PENG C, CHENG Q. Robust pca via nonconvex rank approximation ［J］. IEEE International Conference on Data Mining, 2015, 211-220.

［7］BALAKRISHNAMA S, GANAPATHIRAJU A. Linear discriminant analysis a brief tutorial［J］. Institute for Signal and Information Processing, 1998, 18: 1-8.

［8］ZHANG Z, CHOW T W S, ZHAO M. Misomap: Orthogonal constrained marginal isomap for nonlinear dimensionality reduction［J］. IEEE Transactions on Systems, Man, and Cybernetics,, 2013, 43(1): 180-191.

［9］BORG I, GROENEN P. Modern multidimensional scaling: Theory and applications［J］. Journal of Educational Measurement, 2003, 40(3): 277-280.

［10］MAATEN L V D, POSTMA E, HERIK J V D. Dimensionality reduction: a comparative review［J］. Review Literature & Arts of the Americas, 2009, 10

(1): 66-71.

[11] CUNNINGHAM J P, GHAHRAMANI Z. Linear dimensionality reduction: survey, insights, and generalizations [J]. Journal of Machine Learning Research, 2015, 16(1): 2859-2900.

[12] SORZANO C, VARGAS J, PASCUAL-MONTANO A. A survey of dimensionality reduction techniques [J]. arXiv preprint arXiv: 1403.2877, 2014.

[13] TANG J, SHAO L, LI X, et al. A local structural descriptor for image matching via normalized graph laplacian embedding[J]. IEEE Transactions on Systems, Man, and Cybernetics, 2016, 46(2): 410-420.

[14] LIU L, YU M, SHAO L. Unsupervised local feature hashing for image similarity search[J]. IEEE Transactions on Systems, Man, and Cybernetics, 2016, 46(11): 2548-2558.

[15] ROWEIS S T, SAUL L K. Nonlinear dimensionality reduction by locally linear embedding[J]. Science, 2000, 290(5500): 2323-2326.

[16] BELKIN M, NIYOGI P. Laplacian eigenmaps for dimensionality reduction and data representation[J]. Neural Computation, 2003, 15(6): 1373-1396.

[17] ZHANG Z, ZHA H. Principal manifolds and nonlinear dimensionality reduction via tangent space alignment [J]. SIAM journal on scientific computing, 2004, 26(1): 313-338.

[18] MIKOLOV T, CHEN K, CORRADO G, et al. Efficient estimation of word representations in vector space [J]. arXiv preprint arXiv,, 2013, 1301.3781.

[19] PENNINGTON J, SOCHER R, MANNING, AND C. Glove: Global vectors for word representation [C]. In Proceedings of the 2014 Conference on Empirical Methods in Natural Language Processing (EMNLP), 2014, 1532-1543.

[20] LE Q, MIKOLOV T. Distributed representations of sentences and documents [J]. In International Conference on Machine Learning, 2014, 1188-1196.

[21] ZHANG Z, SUN Y, WANG Y, et al. Convolutional dictionary pair learning

network for image representation learning[C]. In 24th European Conference on Artificial Intelligence (ECAI), 2020.

[22] CUI P, WANG X, PEI J, et al. A survey on network embedding[J]. IEEE Transactions on Knowledge and Data Engineering, 2018.

[23] CAI H, ZHENG V W, CHANGAND K. A comprehensive survey of graph embedding: problems, techniques and applications[J]. IEEE Transactions on Knowledge and Data Engineering, 2018.

[24] KANG Z, PAN H, HOI S C H, ET AL. Robust graph learning from noisy data[J]. IEEE Transactions on Systems, Man, and Cybernetics, 2020, 50(5): 1833-1843.

[25] BORDES A, USUNIER N, GARCIA-DURAN A, et al. Translating embeddings for modeling multirelational data [J]. in Advances in Neural Information Processing Systems, 2013, 2787-2795.

[26] YUAN Y, XUN G, SUO Q, et al. Wave2vec: Deep representation learning for clinical temporal data[J]. Neurocomputing, 2019, 324, 31-42.

[27] GOYAL P, CHHETRI S R, CANEDO A. dyngraph2vec: Capturing network dynamics using dynamic graph representation learning[J]. Knowledge Based Systems, 2020, 187, 104816.

[28] ZHANG Z, CHOW T W S, ZHAO M. Trace ratio optimization based semi-supervised nonlinear dimensionality reduction for marginal manifold visualization[J]. IEEE Transactions on Knowledge and Data Engineering, 2013, 25(5): 11481161.

[29] XU X, LIANG T, ZHU J, et al. Review of classical dimensionality reduction and sample selection methods for largescale data processing [J]. Neurocomputing, 2019, 328, 5-15.

[30] ZHANG J, YU J, TAO D. Local deep-feature alignment for unsupervised dimension reduction[J]. IEEE Transactions on Image Processing, 2018, 27(5): 2420-2432.

[31] FUJIWARA T, CHOU J K, SHILPIKA, et al. An incremental dimensionality

reduction method for visualizing streaming multidimensional data[J]. IEEE Transactions on Visualization and Computer Graphics, 2020, 26(1): 418-428.

[32] JOLLIFFE I T, CADIMA J. Principal component analysis: a review and recent developments[J]. Philosophical Transactions of the Royal Society A, 2016, 374(2065): 20150202-20150202.

[33] HUANG H, SHI G, HE H, et al. Dimensionality reduction of hyperspectral imagery based on spatial - spectral manifold learning[J]. IEEE Transactions on Systems, Man, and Cybernetics, 2019, 1-13

[34] TANG J, LIU J, ZHANG M, et al. Visualizing large - scale and high - dimensional data[C]. in WWW '16 Proceedings of the 25th International Conference on World Wide Web, 2016, 287-297.

[35] HINTON G E, SALAKHUTDINOV R R. Reducing the dimensionality of data with neural networks[J]. Science, 2006, 313, (5786): 504-507.

[36] KASUN L L C, YANG Y, HUANG G B, et al. Dimension reduction with extreme learning machine[J]. IEEE Transactions on Image Processing, 2016, 25(8): 3906-3918.

[37] SHAO M, DING Z, ZHAO H, et al. Spectral bisection tree guided deep adaptive exemplar autoencoder for unsupervised domain adaptation[C]. in AAAI'16 Proceedings of the Thirtieth AAAI Conference on Artificial Intelligence, 2016, 2023-2029.

[38] LU J, WANG G, DENG W, et al. Multi - manifold deep metric learning for image set classification[J]. In 2015 IEEE Conference on Computer Vision and Pattern Recognition (CVPR), 2015, 1137-1145.

[39] WANG Y, YAO H, ZHAO S. Auto - encoder based dimensionality reduction[J]. Neurocomputing, 2016, 184: 232 - 242.

[40] GROVERA, LESKOVEC J. node2vec: Scalable feature learning for networks[J]. in Proceedings of the 22nd ACM SIGKDD International Conference on Knowledge Discovery and Data Mining, 2016, 855-864.

[41] PEROZZI B, AL - RFOU R, SKIENAAND S. Deepwalk: Online learning of

social representations[J]. in Proceedings of the 20th ACM SIGKDD International Conference on Knowledge Discovery and Data Mining, 2014, 701-710.

[42] WANG S, AGGARWAL C, LIU H. Beyond word2vec: Distance - graph tensor factorization for word and document embeddings[J]. in Proceedings of the 28th ACM International Conference on Information and Knowledge Management, 2019, pp. 1041-1050.

[43] BOJANOWSKI P, GRAVE E, JOULIN A, et al. Enriching word vectors with subword information[J]. Transactions of the Association for Computational Linguistics, 2017, 5: 135-146.

[44] KIROS R, ZHU Y, SALAKHUTDINOV R R, et al. Skip - thought vectors [J]. in Advances in Neural Information Processing Systems, 2015, 3294-3302.

[45] TANG J, QU M, MEIAND Q. Pte: Predictive text embedding through large - scale heterogeneous text networks[J]. in Proceedings of the 21th ACM SIGKDD International Conference on Knowledge Discovery and Data Mining, 2015, 1165-1174.

[46] WIETING J, BANSAL M, GIMPEL K, et al. Towards universal paraphrastic sentence embeddings[J]. arXiv preprint arXiv, 2015, 1511. 08198

[47] LIU Q, JIANG H, WEI S, et al. Learning semantic word embeddings based on ordinal knowledge constraints[J]. in Proceedings of the 53rd Annual Meeting of the Association for Computational Linguistics and the 7th International Joint Conference on Natural Language Processing, 2015, 1: 1501-1511.

[48] ZHANG D, YIN J, ZHU X, et al. Network representation learning: A survey [J]. IEEE Transactions on Big Data, 2018.

[49] QIU J, DONG Y, MA H, et al. Network embedding as matrix factorization: Unifying deepwalk, line, pte, and node2vec[J]. in Proceedings of the Eleventh ACM International Conference on Web Search and Data Mining, 2018, 459-467.

[50] DONG Y, CHAWLA N V, SWAMI A. metapath2vec: Scalable representation learning for heterogeneous networks[J]. in Proceedings of the 23rd ACM

SIGKDD International Conference on Knowledge Discovery and Data Mining, 2017, 135 - 144.

[51] WANG X, CUI P, WANG J, et al. Community preserving network embedding [J]. in Thirty - First AAAI Conference on Artificial Intelligence, 2017, 203 - 209.

[52] AHMED A, SHERVASHIDZE N, NARAYANAMURTHY S, et al. Distributed large - scale natural graph factorization [J]. in Proceedings of the 22nd International Conference on World Wide Web, ACM, 2013, 37 - 48.

[53] YANG C, LIU Z, ZHAO D, et al. Network representation learning with rich text information [J]. in Twenty - Fourth International Joint Conference on Artificial Intelligence, 2015, 2111 - 2117.

[54] PAN S, WU J, ZHU X, et al. Tri - party deep network representation [J]. Network, 2016, 11, (9): 12.

[55] JIAO Y, XIONG Y, ZHANG J, et al. Collective link prediction oriented network embedding with hierarchical graph attention [J]. in Proceedings of the 28th ACM International Conference on Information and Knowledge Management, 2019, 419 - 428.

[56] LAI Y Y, NEVILLE J, GOLDWASSER D. Transconv: Relationship embedding in social networks [J]. in The Thirty - Third AAAI Conference on Artificial Intelligence, 2019.

[57] Ristoski P, Rosati J, Noia T D, et al. Rdf2vec: Rdf graph embeddings and their applications [J]. Semantic Web, 2019, 10(4): 721 - 752.

[58] DU B, TONG H. Mrmine: Multi - resolution multi - network embedding [J]. in Proceedings of the 28th ACM International Conference on Information and Knowledge Management, 2019, 479 - 488.

[59] TANG J, QU M, WANG M, et al. Line: Large - scale information network embedding [J]. in Proceedings of the 24th International Conference on World Wide Web. International World Wide Web Conferences Steering Committee, 2015, 1067 - 1077.

[60] ANDERSEN R, CHUNG F, LANG K. Local graph partitioning using pagerank

vectors[J]. in the 47th Annual IEEE Symposium on Foundations of Computer Science (FOCS'06), 2006, 475-486.

[61] MIKOLOV T, SUTSKEVER I, CHEN K, et al. Distributed representations of words and phrases and their compositionality[J]. in Advances in Neural Information Processing Systems, 2013, 3111-3119.

[62] LI W, ZHANG Y, SUN Y, et al. Approximate nearest neighbor search on high dimensional data - experiments, analyses, and improvement[J]. IEEE Transactions on Knowledge and Data Engineering, 2019, 32(8): 1475-1488.

[63] JOHNSON J, DOUZE M, JE'GOU H. Billion-scale similarity search with gpus[J]. IEEE Transactions on Big Data, 2019.

[64] Netzer Y, Wang T, Coates A, et al. Reading digits in natural images with unsupervised feature learning[J]. in NIPS Workshop on Deep Learning and Unsupervised Feature Learning, 2011.

[65] Pang B, Lee L. A sentimental education: sentiment analysis using subjectivity summarization based on minimum cuts[J]. in Proceedings of the 42nd Annual Meeting on Association for Computational Linguistics, ser. ACL '04. Barcelona, Spain: Association for Computational Linguistics, 2004.

[66] PHAN X H, NGUYEN L M, HORIGUCHI S. Learning to classify short and sparse text & web with hidden topics from large-scale data collections[J]. in Proceedings of the 17th International Conference on World Wide Web. Beijing, China: ACM, 2008, 91-100.

[67] LANG K. Newsweeder: Learning to filter netnews[J]. in Proceedings of the 12th International Machine Learning Conference, 1995.

[68] GABRILOVICH E, MARKOVITCH S. Overcoming the brittleness bottleneck using wikipedia: enhancing text categorization with encyclopedic knowledge [J]. in Proceedings of the 21st National Conference on Artificial intelligence. Boston, Massachusetts: AAAI Press, 2006, 1301-1306.

[69] LUXBURG U V. A tutorial on spectral clustering[J]. Statistics and computing, 2007, 17(4): 395-416.

第 4 章
基于情感的社交网络话题传播热度预测

在话题推广、网络营销和推荐系统等应用中，预测在线内容的热度是一个重要的研究任务。目前已有的研究方法都是基于在线内容的前期热度来预测未来的热度，这意味着当前方法只能预测已经发生的事物的热度，而无法预测尚未出现的事物的热度。在本章，我们尝试预测尚未发生的话题的热度。基本假设是用户在过去对某一事物的情感倾向在一定程度上决定了未来此用户对与此事物相关的话题的关心程度。在一个社区中，整个社区过去对某一事物的情感倾向能在一定程度上影响此社区中相关话题的热度。基于此假设，尝试采用基于情感的方法来预测一个社区中尚未发生的话题热度。首先，计算社区中每个用户对某话题中的关键词/关键短语的情感倾向；其次，基于马尔科夫随机场模型 MRF（markov random field）和图熵模型（graph entropy）计算此社区对此话题关键词/关键短语的整体情感倾向，以估算这个社区关于此话题的潜在情感能量；最后，使用皮尔逊相关系数（pearson correlation coefficient）来分析估算出的话题潜在情感能量与真实的话题热度间的线性关系。基于估算出的话题潜在情感能量与真实的话题热度之间的关系，提出了两种模型来预测尚未发生的话题热度。

本章的主要贡献总结如下：（1）第一个发现了基于马尔科夫随机场 MRF 模型估算出的社区关于某话题的潜在情感能量与话题真实热度之间的线性关系；（2）基于这个发现，提出了两种模型来预测尚未发生的话题热度，本研究点是第一个尝试预测尚未发生的话题热度的研究；（3）大量的实验验证了我们提出的两种模型在预测尚未发生的话题时的有效性。

本章内容组织如下：4.1 节介绍研究动机，数据获取、整理和模型的整体框架在 4.2 节中进行介绍，在 4.3 节中用实验验证了社区在某话题的潜在情感能量与真实话题热度之间存在线性相关的猜想，在 4.4 节提出两种预测话题热度的模型并进行实验分析，4.5 节对本章进行总结。

第 4 章　基于情感的社交网络话题传播热度预测

4.1　研 究 动 机

随着社交网络等 Web 2.0 应用的飞速发展，大量的用户生成的内容出现在网络中，并一直在飞速地增长。例如，我国的社交网络站点新浪微博，是一个与美国的推特非常类似的微博类网站，其在 2012 年 12 月就拥有了 5.03 亿注册用户，用户每天发布的微博超过 1 亿条[1]。大量话题在新浪微博平台中传播和讨论，图 4.1 显示了新浪微博 2020 年 7 月 1 日至 12 月 31 日的 1 205 738 个话题持续天数的分布，可以发现绝大多数的话题持续时间很短，而只有很少一部分话题会得到用户的持续讨论。

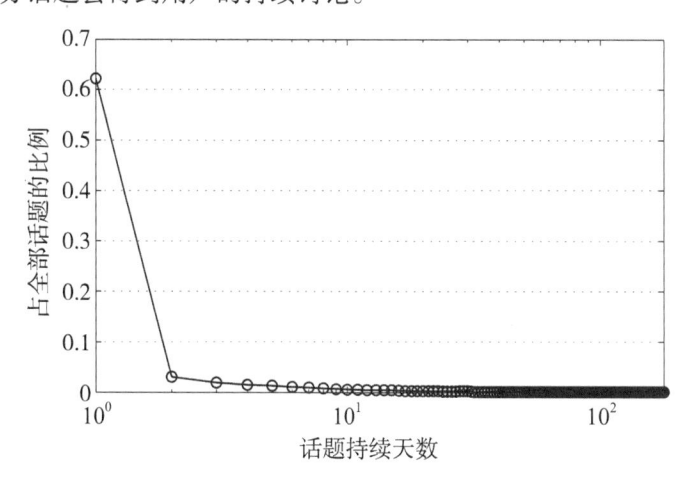

图 4.1　新浪微博话题持续天数的分布（X 轴是以 10 为底的对数）

预测话题的热度对于商业话题推广和政府决策意义重大。比如，在网络营销中，预测与商品有关联的话题的热度能够帮助商家尽早制定广告营销计划，提前向用户发布相关广告，保证有充足的时间进行销售准备。对于政府来说，预测话题的热度可以帮助政府了解未来民众的关注点，帮助政府更早制定相关政策以获得民众的支持。

目前的研究集中于利用在线内容的早期热度来预测未来的热度，而在本章中我们尝试预测尚未发生的话题的热度，这意味着将无法利用在线内容的早期热度来进行预测。图 4.1 中显示了 1 205 738 个话题持续天数的分布，可以发现 74.14% 的话题持续时间小于 10 天，超过 81.38% 的话题持续时间小于

30 天。这意味着社交网络中的热点话题转换较快,如果能在话题尚未发生之前就预测出话题的热度将在很大程度上为相关话题的在线营销等活动争取更多的时间。

在本章中,基于社区中用户的情感来研究尚未发生的话题热度预测问题。心理学研究[2,3]显示,除用户了解到的信息本身之外,情感在用户决策中起到了重要的作用。在线用户的决策在很大程度上决定了话题信息是否能够快速传播,也就影响了话题的热度。也就是说,用户情感在很大程度上影响着话题的传播情况,也就影响着话题的热度。英国伍尔弗汉普顿大学的 Thelwall 等人[4]的研究显示,热点事件的发生与情感强度的变化之间存在着密切关系。Bollen 等人[5]引入情感信息来预测股票市场的变化。因此,我们尝试使用在线用户对某话题中的关键词/关键短语的历史情感来预测话题的热度。从新浪微博平台获取了 2020 年 7 月 1 日至 12 月 31 日 6 个月约 9 000 万用户的 68 亿条微博数据,在此数据集上研究基于情感的话题热度预测模型。在社区潜在情感能量的估算上,使用马尔科夫随机场模型 MRF[6]和图熵模型[7,8]来进行计算。我们采用皮尔逊相关系数[9]来衡量社区潜在情感能量与真实的话题热度之间的关系。实验结果显示,它们之间具有典型的线性相关关系,也就预示了基于社区潜在情感能量预测尚未发生的话题的热度的可行性。

本章提出了两种线性回归模型来预测尚未发生的话题热度:第一个模型是基于社区潜在情感能量的单变量的线性回归模型,本章称其为 LinearMRF 模型;第二个模型假定社区的结构特性影响着整个社区的潜在情感能量的计算,其假定社区潜在情感能量是与社区中的边相关,然后基于多元线性回归模型提出了 EdgeMRF 模型。实验显示本章提出的两种方法都能有效地预测话题的热度,而且 EdgeMRF 模型比 LinearMRF 在统计学上更好。

4.2 数据与模型框架

4.2.1 数据获取与整理

我们通过新浪微博 API 的流爬取方式获取用户公开的微博博文，新浪微博 API 的流爬取方式并不会推送所有用户的所有实时公开微博，而是有选择性地给 API 用户推送部分微博（约为 20% 的公开微博）。我们获取从 2020 年的 7 月 1 日至 12 月 31 日共 6 个月的用户公开微博数据，共获得了 90 388 540 用户的 6 824 948 570 条公共博文数据。每条微博中包含的内容有微博 id、创建时间、用户 id、用户名、转发数、评论数、博文内容、转发帖 id、转发帖用户 id、转发帖用户名、转发帖内容和回复帖 id，表 4.1 显示了每条微博的字段名称及字段示例。

表 4.1 数据集中的微博内容字段

字段名称	示例
微博 id	3738487054699050
创建时间	1406808234000
用户 id	1086233511
用户名	颜文字君
转发数	303
评论数	58
博文内容	……人家还没吃过马卡龙呢……
转发帖 id	3.73837E+15
转发帖用户 id	3167305545
转发帖用户名	秋田六千
转发帖内容	……手机太正点了#七夕求送小青心#……
回复帖 id	null

从这 6 个月的公开微博数据集中提取用户之间转发和提及关系，转发提及关系是一种比"粉丝/朋友"关系更紧密的关系，说明用户之间有实质性的交互。如果用户 i 转发了用户 j 的微博，那么我们认为用户 i 和用户 j 之间存在

转发关系；如果用户 i 在其微博中提及了用户 j(@userj)，那么认为用户 i 和用户 j 之间存在提及关系。通过从 6 个月的 6 824 948 570 条博文数据中抽取用户之间的转发提及关系，得到了包含 90 388 540 用户的转发提及关系图。

我们从上述数据集中抽取一个社区的数据来研究话题在此社区中的热度。从包含一个种子节点的集合 SeedSet 开始，通过用户之间的转发提及关系图 G 获取此种子节点的所有邻居节点将其加入 SeedSet，然后以迭代的方式获取种子节点集合 SeedSet 中所有不在 SeedSet 中的节点，迭代 MaxDepth 次获得以种子节点为中心的社区 Comm。算法 4.1 显示了基于种子节点的社区抽取算法的步骤。在本章试验中，设置的种子节点是《环球时报》社官方微博"环球时报"，其微博 ID 是"1974576991"。试验中设置的最大迭代次数为 4 次，即 MaxDepth = 4。我们获得了以"环球时报"为种子节点、共包含 137 613 个用户的社区。

算法 4.1　基于种子节点的社区抽取算法
已知：种子集合 SeedSet，用户转发提及关系图 G，最大迭代次数 MaxDepth.
求：以初始种子节点为中心的社区 Comm.
1： while Depth depth is smaller than MaxDepth do
2：　　Get all neighbours NewNeigh of SeedSet；
3：　　Add the neighbours NewNeigh to SeedSet；
4：　　depth + = 1；
5：　　Comm = SeedSet；
6： end while

我们从上述新浪微博六个月的数据集中抽取以"环球时报"为种子节点的社区中所有用户的微博，共获得了此社区中 137 613 个用户的 155 941 545 条博文。将数据集划分为训练集和测试集两个部分：其中训练集是用户前 4 个月(7 月 1 日至 10 月 31 日)的博文数据，共包含 110 938 220 条微博；测试集是后用户两个月(11 月 1 日至 12 月 31 日)的博文数据，共包含 45 003 325 条微博。

4.2.2　模型整体框架

图 4.2 显示了本章提出模型的整体框架，其可以分为五个部分。第一部

第4章 基于情感的社交网络话题传播热度预测

分,首先从以"环球时报"为中心的社区的测试集中抽取测试话题。在新浪微博中,用户可以采用话题标签"#话题名称#"来表示发布的博文属于以话题名称命名的话题,因此采用话题标签来识别微博是属于哪个话题的,根据话题标签可以抽取数据集中属于某话题的所有文档。对于每一个话题,将话题中的所有文档聚合为一个文档,然后使用开源的中文关键词抽取工具 ANSJ[11] 从话题聚合文档中抽取前 10 个话题关键词/关键短语。第二部分,基于表情符号来计算每个用户对于话题关键词/关键短语的情感倾向。这样对于每一个话题,假定每一个用户对话题的情感倾向可以表示为用户对此话题关键词/关键短语的情感倾向的向量。在试验中,选取每个话题的前 10 个关键词,因此每一个用户对话题的情感倾向可以表示为用户对此话题关键词/关键短语的一个 10 维向量,每一个维度对应的是用户对某一关键词/关键短语的情感倾向。第三部分,在第二部分生成的用户话题情感向量基础上,基于马尔科夫随机场模型 MRF 和图熵模型计算此用户社区的潜在情感能量。第四部分,首先提出一个猜想:话题在社区的潜在情感能量与话题的真实热度之间存在线性相关关系。采用皮尔逊相关系数来验证此猜想,分析他们之间的关系。第五部分,基于第四部分的猜想,我们提出了两种模型来预测话题的热度,并将话题真实的热度和估算的热度进行对比分析,以验证我们方法的有效性。

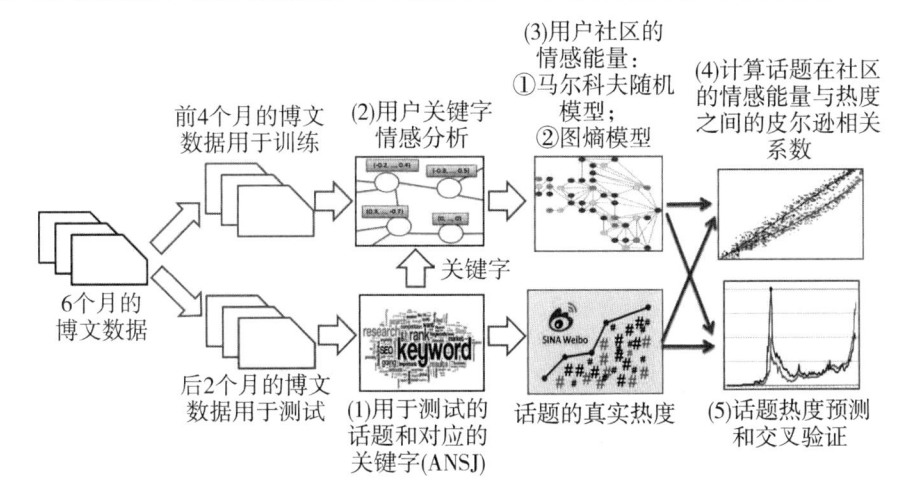

图 4.2 算法框架

4.2.3　测试话题及其关键词/关键短语

在新浪微博中，用户可以在发表的博文中加上话题标签"#话题名称#"来表示所发表的微博属于名称为"话题名称"的话题。我们利用话题标签来抽取微博中的话题，即从以"环球时报"为中心的社区的测试集中抽取话题。为了使话题得到充分发展，考虑到图 4.1 中显示 81.38% 的话题持续时间小于 30 天，只抽取在测试集中第一个月（11 月 1 日至 11 月 30 日）中开始出现的话题，因为 12 月开始出现的新话题很可能没有得到充分的发展而得不到准确的热度值，但是仍然采用 12 月的微博数据计算测试话题的真实热度。我们从抽取到的话题中删除训练集中出现的话题。我们删除话题热度（也就是话题中包含的微博数量）过小的话题（话题热度小于 100），总共得到了 5 150 个测试话题。为了让话题的热度之间存在较明显的差异以更好地进行测试，从热度为 100 的话题开始，删除话题热度相差小于 5 的话题。如果两个话题热度相同，则随机选择一个符合条件的话题。最后共得到了 298 个测试话题。此 298 个测试话题作为本文实验的测试数据集，他们的热度分布如图 4.3 所示。图 4.3 中的 X 轴表示话题在此 298 个测试话题中的排序序号，而 Y 轴表示话题的真实热度值（即话题中包含的博文数）。

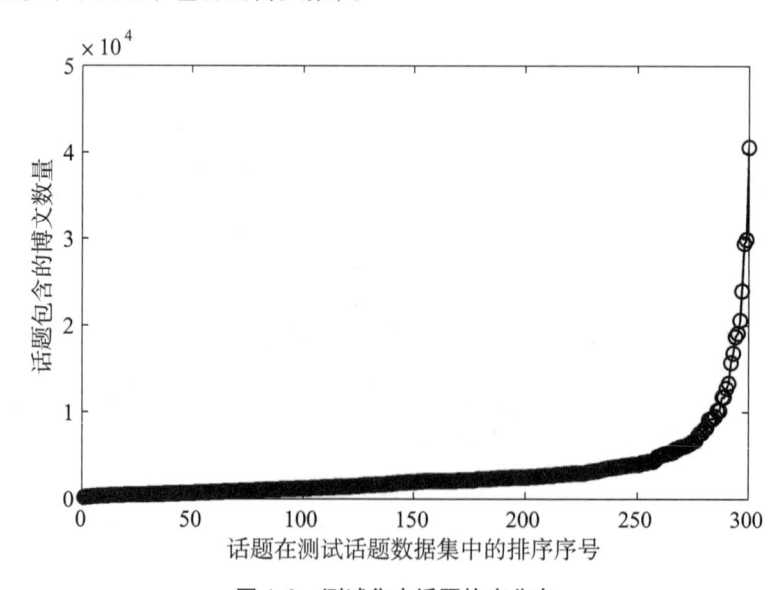

图 4.3　测试集中话题热度分布

ANSJ[11]是一个开源中文文本处理工具集,是基于 google 语义模型和条件随机场模型构建的中文分词工具。目前由中国自然语言开源组织运营,ANSJ 不仅可以用于中文分词,而且可以用于关键词/关键短语抽取等。NLPIR 或者 ICTCLAS[12]是中国科学院开发的中文分词工具,其集成了文本分词、词性标注、关键词抽取/短语等工具。由于 NLPIR 在处理长文档时速度比 ANSJ 慢很多,而本章话题文档为话题下所有博文聚集而成的,通常很长,因此在本章试验中采用 ANSJ 进行关键词/关键短语抽取。在试验中,在 ANSJ 工具集中增加常用停用词以避免在结果中出现常用停用词。将话题中的所有文档聚合起来,然后使用 ANSJ 从聚合后的文档中抽取前 m 个关键词/关键短语,最后采用前 m 个关键词/关键短语的向量表示话题 k,如式(4.1)所示。

$$\text{Topic}_k = [\text{term}_{k,1}, \text{term}_{k,2}, \cdots, \text{term}_{k,m}] \tag{4.1}$$

其中,$\text{term}_{k,n}(n=1, 2, \cdots, m)$ 从话题 k 中使用 ANSJ 抽取的前 m 个关键词/关键短语中的一个。在我们所有的试验中,经验性地设定所有的 m 等于 10。

4.2.4 话题中的用户情感分析

式(4.1)将一个话题表示为前 m 个关键词/关键短语的向量,那么用户对某个话题的情感可以表示为此用户对此话题关键词/关键短语的 m 维情感向量。假如 $s(u_i)_{k,n}$ 表示用户 u_i 在关键词/关键短语 $\text{term}_{k,n}(n=1, 2, \cdots, m)$ 上的情感,那么采用式(4.2)来表示用户 u_i 在话题 k 上的情感 $\text{sen}(u_i, k)$。

$$\text{sen}(u_i, k) = [s(u_i)_{k,1}, s(u_i)_{k,2}, \cdots, s(u_i)_{k,m}] \tag{4.2}$$

下面将讨论如何计算用户 u_i 在关键词/关键短语 $\text{term}_{k,n}(n=1, 2, \cdots, m)$ 上的情感 $s(u_i)_{k,n}$。

假设 1:在微博系统中,由于博文通常较短,在一条博文中,假定一个用户在此条微博中表现出的情感等于用户在发布此博文时对博文中关键词/关键短语的情感。

在新浪微博和推特中,一条微博的长度不能大于 140 个字符,因此假定用户在博文中表现出的情感与其对博文中关键词/关键短语的情感相同。例如,对于博文"经过坚持不懈的努力,我们终于取得了成功[鼓掌]",认为用户在此微博中表现出的情感与对微博中的关键词"奋斗"和"成功"的情感是相同的。由于"鼓掌"表情符号表现出的是支持的正面的情感，基于假设1，认为此用户在微博中对"奋斗"和"成功"的情感都是正面的。虽然这种假设在具体某条微博中可能会产生错误，如"虽然过程很艰难，但终于取得了成功[鼓掌]"，那么按照假设1会认为用户对"艰难"的情感是偏正面的，这显然是错误的。但是对用户大量关于"艰难"的博文进行统计会将"艰难"的情感修正为负面的。因此，我们的假设是合理的。

  由于用户发表的微博不仅很短，而且用户的用词也通常是非标准的和个性化的，因此传统的基于词典的用户情感分析方法在微博中效果没有在新闻等长文本中的效果好。而且微博应用中通常包含大量的微博，如在我们的训练集中就有超过1.1亿条微博，利用经典情感分析算法 SO-PMI[13] 会因为计算量太大而难以完成。分析微博的特点，发现微博中大量的微博都包含表情符号，统计了训练集中的 110 938 220 条博文，发现其中有 52 602 698 条博文包含情感符号，是所有博文的 47.42%。因此尝试像 Davidov 等人[14]的做法一样，基于微博中的表情符号来计算微博的情感倾向。图 4.4 显示了新浪微博中的典型标签符号。在试验中，共使用了 436 个表情符号，人工将其标记为正的、负的和中立三种。

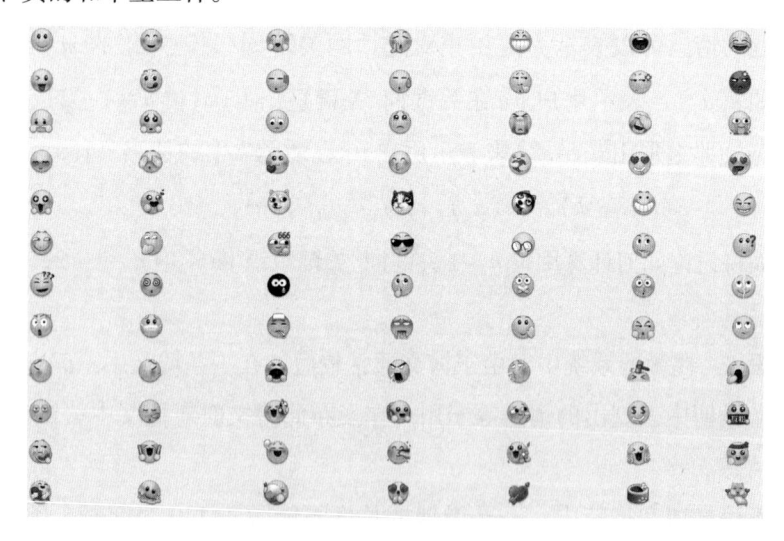

图 4.4 新浪微博的典型表情符号

  假如在用户 u_i 的包含关键词/关键短语 $\text{term}_{k,n}(n=1, 2, \cdots, m)$ 的微博 j 中有 pos 个正的情感符号和 neg 个负的情感符号，那么用户 u_i 对微博 j 的情感

stweet(u_i, j)和对关键词/关键短语 term$_{k,n}$(n = 1, 2, $\cdots$, m)的情感 sphrase(u_i, j)$_{k,n}$可以用式(4.3)计算。

$$\text{sphrase}(u_i, j)_{k,n} = \text{stweet}(u_i, j)$$
$$= (\text{pos} - \text{neg})/(\text{pos} + \text{neg}) \quad (4.3)$$

如果关键词/关键短语 term$_{k,n}$(n = 1, 2, $\cdots$, m)没有出现在微博 j 中,那么 sphrase(u_i, j)$_{k,n}$ = 0。我们用 Tweet(u_i)表示用户 u_i 的所有包含关键词/关键短语 term$_{k,n}$(n = 1, 2, $\cdots$, m)的微博集合,那么用户 u_i 对关键词/关键短语 $term_{k,n}$(n = 1, 2, $\cdots$, m)的情感是用户所有包含此关键词/关键短语的微博中对此关键词/关键短语的情感值的平均数,其计算方法如式(4.4)所示。

$$s(u_i)_{k,n} = \frac{\sum_{j \in \text{Tweet}(u_i)} \text{sphrase}(u_i, j)_{k,n}}{|\text{Tweet}(u_i)|} \quad (4.4)$$

4.2.5 话题潜在情感能量

4.2.5.1 马尔科夫随机场 MRF

马尔科夫随机场 MRF[6]也被称为"马尔科夫网络""无向图模型"等,其是无向图中符合马尔科夫属性的随机变量的集合。马尔科夫随机场通常被用在统计机器学习中以建模联合分布,例如其被用于图像降噪[15]、信息检索[16]等领域。定义 4.1 给出了社交网络中马尔科夫随机场模型的定义。

定义 4.1(社交网络马尔科夫随机场):社交网络马尔科夫随机场是一个无向图 $G = (V, \varepsilon)$,其中 $V = \{u_1, u_2, \cdots, u_N\}$是社交网络中的用户集合,其中 N 是网络中的用户总数和节点总数,而边 ε 表示的是用户之间的转发提及关系。每一个顶点与一个随机变量有关,本小节指的是用户 u_i 在某个话题 k 上的情感向量 sen(u_i, k)(i = 1, 2, $\cdots$, N)。用户之间的信息传播满足马尔科夫属性,即假定信息只在相邻用户之间进行传播,也就是满足 $p(\text{sen}(u_i, k) | \{\text{sen}(u_j, k)\}_{j=1,2,\cdots,N}) = p(\text{sen}(u_i, k) | \{\text{sen}(u_j, k)\}_{u_j = N_i})$,其中 N_i 是用户 u_i 的邻居节点结合,$u_j \in N_i$ 当且仅当(u_i, u_j) $\in \varepsilon$。

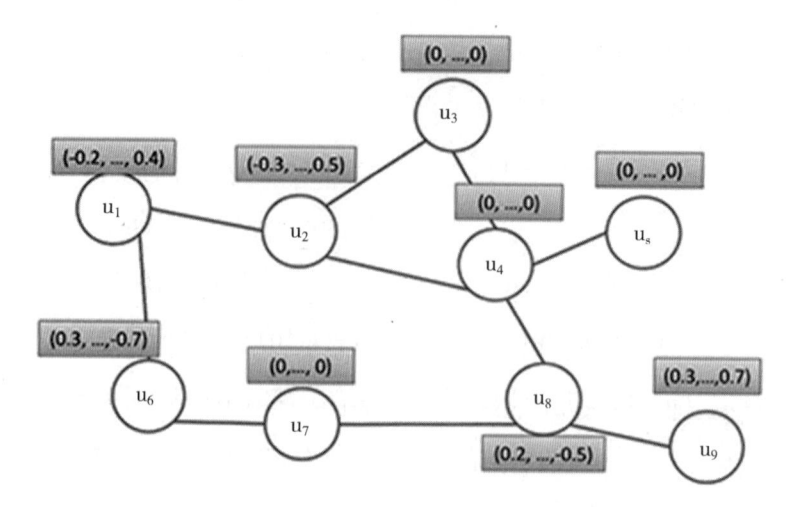

图4.5 社交网络马尔科夫随机场示意图

图4.5显示了社交网络马尔科夫随机场的示意图。依据马尔科夫随机场模型，马尔科夫随机场的能量是所有马尔科夫随机场中最大完全子图的能量之和。假定 C_x 是图 G 中的一个最大完全子图，且 $C = \cup_x C_x$ 是图 G 中所有最大完全子图的集合，那么我们采用式(4.5)计算社区 G 在话题 k 上的潜在情感能量 $E(G, k)$。

$$E(G, k) = E(C, k) = \sum_x E(C_x, k) \tag{4.5}$$

为了简化处理，本章只考虑节点数为2的子图，也就是只考虑有边相接的两个节点。假如图中有大于2个节点的最大完全子图，按照式(4.5)其潜在情感能量值将是其中每个节点数为2的子图的潜在情感能量之和。我们采用两种函数定义节点数为2的子图的潜在情感能量：cosine measure 函数和 average length 函数。

对于节点数为2的子图的潜在情感能量，式(4.6)显示了函数 cosine measure 计算节点 u_i 和 u_j 构成的子图 C_{ij} 的潜在情感能量的方法。其被定义为两个节点的话题情感向量之间的余弦相似度的绝对值，假设节点 u_i 和 u_j 在话题 k 上的情感向量分别是 $\text{sen}(u_i, k)(i = 1, 2, \cdots, N)$ 和 $\text{sen}(u_j, k)(j = 1, 2, \cdots, N)$，那么其潜在情感能量可以用式(4.6)定义。

$$E(C_{ij}, k) = E(\text{sen}(u_i, k), \text{sen}(u_j, k))$$
$$= \frac{|\text{sen}(u_i, k) \cdot \text{sen}(u_j, k)|}{|\text{sen}(u_i, k)| \cdot |\text{sen}(u_j, k)|} \tag{4.6}$$

对于节点数为 2 的子图的潜在情感能量函数 average length，式(4.7)展示了其计算节点 u_i 和 u_j 构成的子图 C_{ij} 的潜在情感能量的方法。其是两个节点的话题情感向量的平均长度，假设节点 u_i 和 u_j 在话题 k 上的情感向量分别是 $\mathrm{sen}(u_i, k)(i=1, 2, \cdots, N)$ 和 $\mathrm{sen}(u_j, k)(j=1, 2, \cdots, N)$，那么其潜在情感能量可以用式(4.7)定义。

$$E(C_{ij}, k) = E(\mathrm{sen}(u_i, k), \mathrm{sen}(u_j, k))$$
$$= \frac{|\mathrm{sen}(u_i, k)| + |\mathrm{sen}(u_j, k)|}{2} \quad (4.7)$$

基于上述节点数为 2 的子图的潜在情感能量函数 cosine measure 和 average length，那么社区 G 在话题 k 上的总的潜在情感能量可以用式(4.8)定义。

$$E(G, k) = E(U, k) = \sum_C E(C_{ij}, k)$$
$$= \sum_{(u_i, u_j) \in \varepsilon} E(\mathrm{sen}(u_i, k), \mathrm{sen}(u_j, k)) \quad (4.8)$$

其中，ε 是社区 G 中边的集合。

4.2.5.2 图熵模型

香农[17]提出了信息熵理论来衡量信息的多少，是信息论的基础理论之一。香农的熵理论采用需要多少位(Bit)数据来衡量数据源的不确定性。Korner 等人[7,8]将香农的熵理论引入图模型中，在图上提出了图熵理论。Anand 和 Bianconi[18]研究网络熵的不同定义来衡量网络的复杂程度。Cruz 等人[19]提出了一种基于图熵模型来检测网络社区的方法。在本小节中，用计算网络社区的图熵来表示此社区的复杂程度，以此作为网络潜在情感能量的衡量方式。和马尔科夫随机场模型类似，我们仍然基于用户情感向量来计算社区的潜在情感能量。给定一个图 G，假定 p_{eij} 是用户 u_i 和 u_j 构成的边 eij 存在的概率，也就是用户 u_i 和 u_j 讨论话题 k 的概率，那么可以用式(4.9)计算社区的潜在情感能量。

$$E(G, k) = -\sum_{eij \in \varepsilon} (p_{eij} \log(p_{eij}) + (1 - p_{eij}) \log(1 - p_{eij})) \quad (4.9)$$

其中，ε 是社区 G 的边的集合。p_{eij} 表示用户 u_i 和 u_j 构成的边 eij 存在的概率 p_{eij}，也就是用户 u_i 和 u_j 讨论话题 k 的可能性。p_{eij} 可以用基于用户 u_i 和 u_j 的情感向量 $\mathrm{sen}(u_i, k)(i=1, 2, \cdots, N)$ 和 $\mathrm{sen}(u_j, k)(j=1, 2, \cdots, N)$ 采用

4.2.5.1小节中定义的潜在情感能量函数cosine measure和average length进行计算。

4.3 猜想实验验证

本节我们验证"线性相关猜想",其内容如猜想4.1所示。

猜想4.1(线性相关猜想)：对于一个话题,社区潜在情感能量与话题的真实热度线性相关。

第4.2.5.1小节和第4.2.5.2小节分别描述了计算社区潜在情感能量的马尔科夫随机场模型MRF和图熵模型,本节分析社区在某话题上的潜在情感能量与话题真实热度之间的关系,采用皮尔逊相关系数(pearson correlation coefficient)来验证猜想4.1。在本章中,定义话题的真实热度为话题中包含的微博总数。

皮尔逊相关系数是Karl Pearson用来衡量两个变量是否线性相关的,其被广泛应用在衡量两个变量之间的依存度等科学试验中。相关系数r用于衡量两个变量之间的线性关系强度。一般来说,相关系数r越大,两个变量之间的关系越强。统计学中的显著性检验常被用来检验两个变量之间的相关性是否显著。通常有三种显著性水平,他们是0.01、0.05和0.10,其对应的是显著性检验的p值。如果显著性检验的p值小于显著性水平(0.01、0.05或0.10),那么可以认为其线性相关关系在显著性水平(0.01、0.05或0.10)上是显著的。本节我们分析社区的潜在情感能量和真实的话题热度之间的线性关系,也就是用皮尔逊相关系数的r值和p值来分析他们两者之间的线性关系。

为了测试社区潜在情感能量和话题的真实热度之间的关系,构建了11个测试数据集来进行测试,这些数据集是按照话题的真实热度来划分的,本章在试验中采用话题包含的微博数量来表示话题的真实热度。在这11个数据集中,话题的真实热度之间的间距分别不小于Num(Num = 10, 100, 200, 300, 400, 500, 600, 700, 800, 900, 1000)。例如,在数据集10(Num = 10)中,任意两个话题之间的真实热度都不小于10。图4.6显示了这11个数据集中话题的数量。

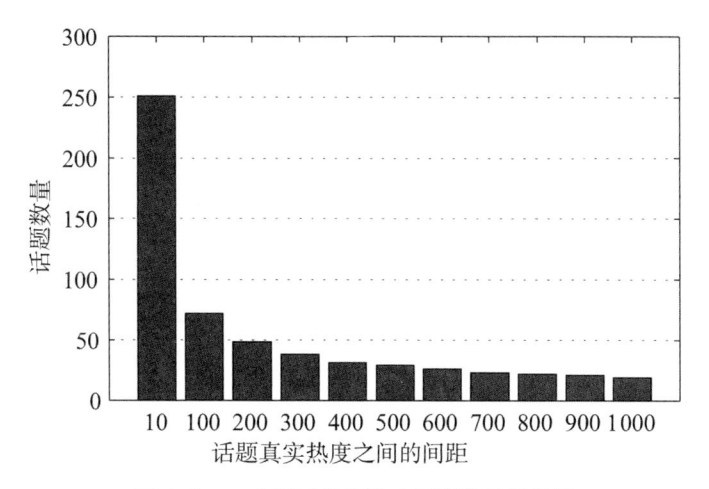

第4章 基于情感的社交网络话题传播热度预测

图4.6 11个测试数据集中话题的数量比较

我们在此11个数据集上计算社区潜在情感能量与真实的话题热度之间的皮尔逊相关系数。根据Dancey等人[20]的研究，在p值达到显著性水平(0.01、0.05或0.10)的基础上，表征相关强度的相关系数的r值可以分为5类，见表4.2所列。如果p值低于显著性水平(0.01、0.05或0.10)，且相关系数r值大于0.4，那么认为社区潜在情感能量与真实的话题热度之间是显著性相关的。

表4.2 相关系数值与相关强度之间的关系

相关系数r值	相关强度
0.0～0.1	不相关
0.1～0.4	弱相关
0.4～0.7	显著性相关
0.7～0.9	强相关
0.9～1.0	非常强相关

表4.3显示了马尔科夫随机场模型和图熵模型分别和节点数为2的子图的潜在情感能量函数cosine measure和average length相结合后的性能比较。我们可以发现在话题真实热度大于100的所有数据集中，基于马尔科夫随机场模型和情感能量函数cosine measure组成的方法与真实的话题热度之间存在着显著性相关，都大于0.4且p值小于0.05，这验证了我们的猜想，即基于马尔科夫随机场模型和函数cosine measure计算的潜在情感能量与话题的真实热

度线性相关,这也意味着用此方法来预测话题真实热度的可能性。而马尔科夫随机场模型 MRF 和函数 average length 中则只有部分相关系数大于 0.4。在图熵模型(GraphEnergy)中,则只有在数据集 900 上,"Graph Entropy + Average Length"的相关系大于 0.4,在其他数据集和方法上都小于 0.4,不具有线性相关特性。

表 4.3 社区潜在情感能量与真实热度之间的皮尔逊相关系数

Datasets	Graph Entropy + Average Length		MRF + Average Length		MRF + Cosine Measure		Graph Entropy + Cosine Measure	
	r	p	r	p	r	p	r	p
10	0.1561	0.0128	0.2065	9.50E-04	0.2832	5.10E-06	0.1492	0.0169
100	0.1572	0.1971	0.3329	0.0046	0.4295	1.60E-04 ***	0.1929	0.1122
200	0.1064	0.4764	0.3935	0.0062	0.5055	2.40E-04 ***	0.1884	0.2048
300	0.2225	0.1793	0.4067	0.0113 **	0.4157	0.0094 ***	0.2399	0.1468
400	0.2611	0.156	0.5079	0.003 ***	0.5954	4.10E-04 ***	0.3201	0.0792
500	0.2895	0.1277	0.4459	0.0153 **	0.5580	0.0017 ***	0.1529	0.4286
600	0.2769	0.1709	0.5643	0.0041 ***	0.6384	4.40E-04 ***	0.256	0.2273
700	0.2207	0.3115	0.5485	0.0067 ***	0.5111	0.0127 **	0.0876	0.6911
800	0.2767	0.2125	0.4853	0.022 **	0.5339	0.0105 **	0.3459	0.1149
900	0.4073	0.0668?	0.3973	0.0828	0.5792	0.0059 ***	0.1128	0.6264
1000	0.3966	0.0928	0.5509	0.0118 **	0.6442	0.0029 ***	-0.1993	0.3995

显著性检验(significant test)用来测试一种方法是否比另一种方法有统计学上的显著改进。采用显著性检验中的 T-test 来测试是否两种方法有统计学上

的显著性能差异，通常如果 T-test 的 p-value 小于显著性水平(significance level)，那么认为一种方法与另一种方法存在统计学上的差异。常用的显著性水平有 0.10、0.05 和 0.01，能够满足的显著性水平越小，说明两种方法在统计学上的差异越大。在本节中，用显著性检验测试我们提出的方法是不是在统计学上显著性地比现有方法好。方法"MRF + CosineMeasure"与"GraphEntropy + AverageLength""MRF + AverageLength"和"GraphEntropy + CosineMeasure"三种方法的 T-test 的 p 值分别为 7.5E-007、0.0011 和 1.5E-004，他们都小于最小显著性水平 0.01，说明方法"MRF + CosineMeasure"比其他三种方法在统计学上都显著性更好。方法"MRF + AverageLength"与"GraphEntropy + AverageLength"和"GraphEntropy + CosineMeasure"的 T-test 的 p 值为 1.1E-004 和 8.5E-004，他们都比最小的显著性水平 0.01 小，说明方法"MRF + AverageLength"比"GraphEntropy + AverageLength"和"GraphEntropy + CosineMeasure"在统计学上的显著性更好。这也说明了马尔科夫随机场模型 MRF 比图熵模型能更准确地估算社区的潜在情感能量。

4.4 话题热度预测模型

4.3 节研究了某话题的社区潜在情感能量与真实热度之间的线性关系。实验验证了猜想 4.1，即基于马尔科夫随机场和 cosine measure 函数计算得到的社区潜在情感能量与话题真实热度之间存在显著性线性相关关系，也就使得基于马尔科夫随机场和函数"cosine measure"预测话题热度成为可能。在本节，我们提出两种预测话题热度的模型：LinearMRF 模型和 EdgeMRF 模型。

(1) LinearMRF 模型。此方法是基于已验证的猜想：马尔科夫随机场和函数 cosine measure 计算得到的社区潜在情感能量与话题真实热度之间线性相关。也就是说可以采用某话题 k 的社区潜在情感能量的线性关系预测话题的真实热度，其计算如式(4.10)所示。

$$P(G, k) = \alpha \cdot E(G, k) + \beta \quad (4.10)$$

其中，α 和 β 是模型参数，其可以从训练集中训练得出，$E(G, k)$ 在式(4.8)中已定义。

(2) EdgeMRF 模型。此方法假设每条边 e_{ij} 构成的完全子图有不同的权值 ω_{eij}。而一个话题的热度是与社区 G 中的每一个完全子图的能量线性相关的，同样为了计算方便，该方法仍然只考虑节点数位 2 的完全子图，即可以采用式(4.11)来预测话题 k 的热度。

$$P(G, k) = \sum_{(u_i, u_j) \in \varepsilon} \omega_{eij} \cdot E(\text{sen}(u_i, k), \text{sen}(u_j, k)) + \rho \quad (4.11)$$

其中，$E(\text{sen}(u_i, k), \text{sen}(u_j, k))$ 在式(4.6)中定义，ρ 和 ω_{eij} 则是模型需要学习的参数。

采用均方误差法来构建损失函数，然后基于随机梯度下降法来学习 LinearMRF 模型和 EdgeMRF 模型中的最佳参数。假如 ST 是在训练集中所有话题的集合，那么均方误差法对应的损失函数如式(4.12)所示。

$$l = \frac{1}{2|ST|} \sum_{k \in ST} (P(G, k) - \text{real}(G, k))^2 \quad (4.12)$$

其中，$\text{real}(G, k)$ 是话题 k 在社区 G 中的真实热度，也就是话题 k 在社区 G 中讨论的微博总数。

随机梯度下降法被用来通过训练最小化损失函数(4.12)的值。随机梯度下降法的步骤如下：(1)选择初始参数值和学习率；(2)重复步骤(2.1)和(2.2)直到损失函数得到最小值：(2.1)计算每一个参数的梯度，(2.2)根据参数的梯度更新参数的值。以参数 ω_{eij} 为例来说明随机梯度下降法是如何学习得到最佳参数的。首先，参数 ω_{eij} 的梯度可以从式(4.13)计算得到。

$$\frac{\partial l}{\partial \omega_{eij}} = \frac{1}{|ST|} \sum_{k \in ST} (P(G, k) - \text{real}(G, k)) \cdot E(C_{ij}, k) \quad (4.13)$$

$E(C_{ij}, k)$ 可用式(4.6)计算得到。参数 ω_{eij} 可以按照式(4.14)进行更新。

$$\omega_{eij}^{(t+1)} = \omega_{eij}^{(t)} - \eta \cdot \frac{\partial l}{\partial \omega_{eij}} \quad (4.14)$$

其中，η 是学习率，且 $\frac{\partial l}{\partial \omega_{eij}}$ 从式(4.13)中计算得到。

采用相对平方误差 RSE(relative squared error)来评价预测模型的性能，其计算方法如式(4.15)所示。

$$\text{RSE} = \frac{\sum_{k \in ST} (P(G, k) - \text{real}(G, k))^2}{\sum_{k \in ST} (\text{real}(G, k) - \overline{\text{real}(G, k)})^2} \quad (4.15)$$

第4章 基于情感的社交网络话题传播热度预测

其中，$P(G, k)$ 是用我们的方法预测出的话题热度，$\text{real}(G, k)$ 是话题的真实热度。$\overline{\text{real}(G, k)} = \dfrac{1}{|ST|} \sum\limits_{k \in ST} \text{real}(G, k)$ 是所有话题的真实热度的平均值。

评价 LinearMRF 模型和 EdgeMRF 模型在 4.3 节中描述的 11 个数据集上的性能，即数据集 Num（Num = 100，200，300，400，500，600，700，800，900，1000）。在每一个数据集中，将数据集分为训练集和测试集两部分，每一个数据集中的话题数量相同（如果数据集中的话题数为基数，那么训练集中的话题比测试集中的话题数多1个）。表 4.4 显示了在此 10 个数据集上的相对平方误差值，从中可以看出只有在 LinearMRF 模型和数据集 500 上相对平方误差值 1.053 6 大于 1.0，其他所有的 RSE 值都小于 1.0。在数据集 600、700、800 和 1 000 上，LinearMRF 模型的 RSE 值小于 0.7。在 EdgeMRF 模型中，在所有的 10 个数据集上相对平方误差值都小于 0.8，在数据集 1 000 上的相对平方误差值甚至达到了 0.676 4。实验结果说明了两种方法都能有效地进行话题热度的预测。采用显著性检验中的 T-test 来测试是否 LinearMRF 模型和 EdgeMRF 模型有统计学上的显著性能差异。计算发现两种模型的 p 值为 0.069 1，其小于显著性水平 0.1，也就是说 EdgeMRF 模型在显著性水平 0.1 上比 LinearMRF 模型更好。

表 4.4 LinearMRF 和 EdgeMRF 模型预测话题热度的 RSE 结果

Dataset	LinearMRF	EdgeMRF
100	0.856 4	0.782 0
200	0.859 5	0.755 5
300	0.771 0	0.770 1
400	0.873 2	0.701 6
500	1.053 6	0.715 3
600	0.693 5	0.699 7
700	0.684 5	0.718 0
800	0.643 7	0.705 3
900	0.914 8	0.702 9
1 000	0.699 0	0.676 4

随着 Web 2.0 的快速发展，大量的用户个人信息出现在应用中，使得预

测成为可能。在本章,预测尚未发生的微博应用中的话题热度。目前,对话题的研究多倾向于检测和跟踪话题、根据话题的前期热度预测未来的热度等,这些研究都是在研究已发生的话题。而我们是第一个尝试预测尚未发生的话题热度。

在一个关键词/关键短语上的情感倾向可以影响一个人关于是否讨论有关此关键词/关键短语的话题的决策。基于以上现象,利用马尔科夫随机场模型和图熵模型来计算社区在一个话题上的整体情感能量,并分析其与真实的话题热度之间的关系。实验显示社区在一个话题上的整体潜在情感能量与话题的真实热度之间存在显著的线性相关关系。在此发现的基础上,提出了LinearMRF 和 EdgeMRF 模型来预测话题的热度。EdgeMRF 模型的相对平方误差在 10 个数据集上都能达到 0.7 左右。实验结果显示用户的历史情感信息在预测话题热度方面的重要意义。我们的方法在未来有很大的提升空间,这将是我们未来的工作。例如,本章提出的算法使用从话题文档中抽取的关键词/关键短语来表示话题,没有考虑关键词/关键短语的权值问题,可采用更准确的方法表示话题将提高算法的性能;用户话题的情感倾向是基于用户表情符号进行计算的,这类方法丢掉了大量的没有表情符号的用户博文,可采用准确度更高的微博情感分析算法能够进一步提高算法的性能。

4.5 本章参考文献

[1] Wikipedia. Sina Weibo. http://en.wikipedia.org/wiki/Sina_Weibo [EB/OL]. 2014.

[2] DAMASIO A. Descartes'error: Emotion, reason and the human brain [M]. Random House, 2008.

[3] DOLAN R J. Emotion, cognition, and behavior [J]. science. 2002, 298 (5596): 1191-1194.

[4] THELWALL M, BUCKLEY K, PALTOGLOU G. Sentiment in Twitter events [J]. Journal of the American Society for Information Science and Technology, 2011, 62 (2): 406-418.

[5] BOLLEN J, MAO H, ZENG X. Twitter mood predicts the stock market [J]. Journal of Computational Science, 2011, 2 (1): 1-8.

[6] KINDERMANN R, SNELL J L, et al. Markov random fields and their applications [M]. American Mathematical Society Providence, 1980.

[7] KÖRNER J. Coding of an information source having ambiguous alphabet and the entropy of graphs [C]. In 6th Prague conference on information theory, 1973, 411-425.

[8] SIMONYI G. Graph entropy: a survey [J]. Combinatorial Optimization, 1995, 20: 399-441.

[9] WIKIPEDIA. Pearson product-moment correlation coefficient [EB/OL]. 2015. https://en.wikipedia.org/wiki/Pearson_product-moment_correlation_coefficient.

[10] WIKIPEDIA. Jackie Chen [EB/OL]. 2015. http://weibo.com/jackiechan.

[11] GITHUB. Ansj 中文分词 [EB/OL]. 2015. https://github.com/NLPchina/ansj_seg.

[12] 张华平. NLPIR 汉语分词系统 [EB/OL]. 2015. http://ictclas.nlpir.org/.

[13] TURNEY P D. Thumbs up or thumbs down?: semantic orientation applied to unsupervised classification of reviews [C]. In Proceedings of the 40th annual meeting on association for computational linguistics, 2002: 417-424.

[14] DAVIDOV D, TSUR O, RAPPOPORT A. Enhanced sentiment learning using twitter hashtags and smileys [C]. In Proceedings of the 23rd International Conference on Computational Linguistics: Posters, 2010: 241-249.

[15] Li S Z. Markov random field modeling in image analysis [M]. Springer Science & Business Media, 2009.

[16] Metzler D, Croft W B. A Markov random field model for term dependencies [C]. In Proceedings of the 28th annual international ACM SIGIR conference on Research and development in information retrieval, 2005, 472-479.

[17] Shannon C E. A mathematical theory of communication [J]. ACM SIGMOBILE Mobile Computing and Communications Review, 2001, 5 (1): 3 - 55.

[18] Anand K, Bianconi G. Entropy measures for networks: Toward an information theory of complex topologies [J]. Physical Review E, 2009, 80 (4): 045102.

[19] Cruz J D, Bothorel C, Poulet F. Entropy based community detection in augmented social networks [C]. In Computational aspects of social networks (cason), 2011 international conference on, 2011, 163 - 168.

[20] Dancey C P, Reidy J. Statistics without maths for psychology [M]. Pearson Education, 2007.

第 5 章
社交网络话题水军检测和推手发现

　　网络水军是一群有着特殊目的(如商业推广目的等)的在线用户,他们被组织起来在社交网络中发布大量的推广信息,使得人们对话题是自然传播的还是人为推广的难以分辨。为了发现网络水军,首先分析他们不同于正常用户的个体及群体特征。在当前的关于水军和垃圾用户的研究中,个体统计特征被广泛研究,但是水军作为群体表现出的群体特征则很少涉及。本章将分析和研究水军的 6 个群体特征,然后基于这些特征,提出一种基于逻辑回归模型的水军用户检测方法。在检测出的水军的基础上,分析在同一个话题中出现的水军社区和同一社区中水军的观点倾向,以研究水军的群体特性。网络推手指的是组织水军进行推广活动的人员,在本章中,定义网络推手为推广活动的源头作者。在已发现的水军的基础上,发现推广活动的幕后推手。通过在新浪微博三个真实数据上进行大量实验,发现本章提出的方法能够非常有效地发现网络水军。基于水军间的关注、转发、拷贝关系,对发现的网络水军进行社区分析并人工分析各个社区中用户的观点和情感以验证水军的群体特性。实验结果显示绝大多数的水军都属于少量的社区,而且在同一个社区中,绝大多数的水军有相同的观点倾向。通过实验分析发现本章提出的推手发现算法是有效的。

　　本章的主要贡献总结如下:(1)研究了水军的群体特征,并发现群体特征和个体特征一样,在水军检测方面起到重要作用;(2)利用水军的个体和群体特征构建了基于逻辑回归模型的水军检测方法,在三个真实数据集上的实验显示我们的方法比已知的算法更有效;(3)分析发现了水军的群体特性,即在一个话题中,大多数水军用户都属于少数几个典型社区,而且在同一社区中的水军用户有相同的观点倾向;(4)提出了一种有效的网络水军幕后推手检测算法。

本章内容组织如下：5.1节介绍研究动机，5.2节介绍了本章的实验数据集，5.3节介绍本章提出的水军检测模型，5.4节介绍水军检测模型的实验分析，5.5节介绍了水军的群体特性，5.6节介绍网络推手发现方法，5.7节对本章进行总结。

5.1 研究动机

随着在线社交网络如新浪微博、脸书和推特等的飞速发展，数以亿计甚至十亿计的用户在这些在线平台上分享自己的日常生活见闻、创作、情感、观点等。信息在社交网络中迅速传播，可以以指数级的速度传递给大量用户。如果一个用户在社交网络中发布一条博文，此用户的所有粉丝都能立即阅读和转发此博文，并呈现层层转发的指数级增长样式。由于在线社交网络信息具有传播速度快和受众多等特点，大量有商业目的的话题推广活动在社交网络中展开。在这些话题推广活动中，大量的水军用户被组织起来发表和传播特定的信息[1]。在微博中，水军是一种特殊的垃圾用户，他们被组织起来发表、回复、转发博文或提及他人(@用户名)，以达到快速传播目标博文的目的。大量的有目的甚至不真实的博文在社交网络中传播，不仅让普通用户无法看清事件的真相，而且会误导他们，造成不良的社会后果。

水军与传统的垃圾用户存在以下几点不同[3]：第一，典型的水军具有很强的群体特征，而垃圾用户通常强调的是单个用户；第二，水军有可能对个人、公司或组织造成伤害，而垃圾用户通常只是增加垃圾信息；第三，水军既可以是被平台API(如新浪微博开放平台API)控制的程序机器人，也可以是公司的雇员或者临时招募的人员等真实的用户，这与传统研究的程序机器人Twitter bot[4]等不同；第四，水军通常比垃圾用户更隐蔽。很多水军在一般情况下是正常用户，只有在特定任务到来时才表现出水军的特质，这增加了检测水军的难度。淘宝、亚马逊等电子商务网站中的意见垃圾用户(opinion spam)[5,6]也是水军的一种，但是意见垃圾用户的检测通常是基于电子商务网站的用户评论进行的。

水军网(http://www.shuijunwang.com，目前已被关闭)是一种供在线

第 5 章　社交网络话题水军检测和推手发现

用户获取水军兼职工作的网络平台,这类网站可以帮助公司、组织等在短时间内召集大量水军。用户可以从这些网站上获取一定的报酬来帮助公司、组织等完成一些特定的任务,如发表广告博文的任务等。这些水军的行为会带来一些负面影响,如有很多博文变得难以相信,因为水军们经常发表不加思考的雇佣方提供的博文。作为网络水军在水军网等平台工作后,我们总结出了典型水军的组织结构图,如图 5.1 所示。对于一个特定任务,通常由组织者团队(organizers)负责组织此推广活动,通常有三组人员为他们工作:第一种是资源组(resource team),其负责为推广活动提供素材,如博文内容、图片、视频等,其成员可能是作家和图片、音频、视频制作专家等;第二种是内容发布者(poster team),其任务是将资源组提供的素材发布到特定的网站(本文只研究在线网络水军)中,其通常是一个公司、组织的雇员,或公司控制的"僵尸"用户(如通过新浪微博 API 控制的"僵尸"程序),或是从水军兼职平台临时召集的用户;第三组是观察和评估组(observation and evaluation team),其通常评价己方推广活动的成果和分析敌方的应对,为组织者的决策提供支持。

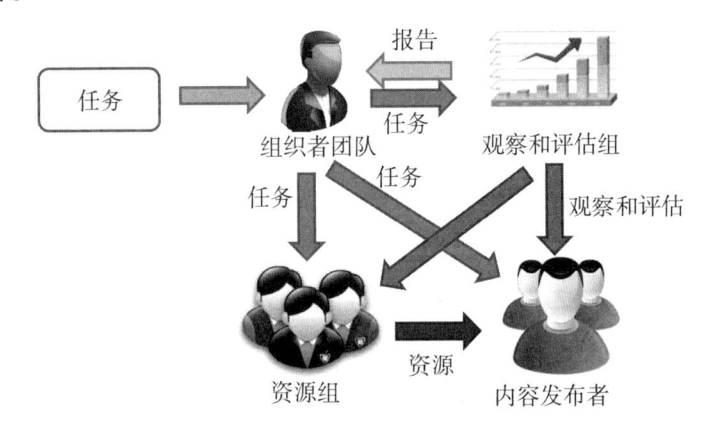

图 5.1　典型的水军组织结构图

目前有大量针对垃圾用户[7-9]、Twitterbot[4]、意见垃圾用户[5,6]进行检测与分析的研究。他们通常利用用户的简介信息如年龄、性别等、用户博文中的 URL 聚类[10,11]、博文间相似度检测[10]、用户的提及他人特征[9]等检测垃圾用户。目前存在的垃圾用户检测方法大多关注的是用户个体的特征,没有很好地利用用户的群体特征,因此将传统垃圾用户检测的方法应用到水军检测方面效果尚有待提高。水军与垃圾用户的不同在于其群体特性和有组织特性。例如，大量临时招募的水军将广告信息转发到自己所在的社区中，而招募的水军通常是不关注或者是转发前不久关注此广告信息的用户，大量用户表现的此类"无关注转发"特征，可以很好地检测此类用户，而传统垃圾用户检测方法则难以检测。

在本章我们研究了水军的群体特征，他们分别是"原始博文拷贝""无关注转发""转发评论拷贝""无关注回复""回复评论拷贝"和"无关注提及"，这些群体特征将在5.3.2节进行详细讨论。传统垃圾用户检测中的一些个体特征也可以被用于水军检测，这些个体特征有"粉丝数朋友数之比""URL博文比例"和"被回复和转发的博文比例"。本章还引入了"用户影响力"来作为个体特征检测水军，本章利用Ding等人[12]提出了基于多关系网络的用户影响力分析算法计算用户影响力。综合利用用户的群体特征和个体特征进行水军检测，提出了一种基于逻辑回归模型的水军检测方法。在三个真实数据集上测试我们方法的有效性，实验证明我们的方法比目前的算法性能更好。

基于已经发现的水军进一步分析水军的群体特性。基于水军用户之间的关注关系构建起水军用户之间的无向图，并在此无向图上利用社区发现算法发现水军的社区，发现绝大多数水军都属于少数几个典型社区。进一步分析这几个典型社区中水军的观点倾向，发现在同一个社区中的水军用户持有相同的观点。这显示了有趣的水军群体特性。

本章不仅检测水军，而且检测话题推广活动的网络推手。在本章，网络推手被定义为推广博文的原始作者，是推动推广活动的重要人物。基于水军推广的博文传播图来发现和检测网络推手，对发现推广活动的幕后组织者意义重大。

5.2 数据获取及其特征分析

新浪微博是类似于推特的微博类平台，是我国最受欢迎的网站之一，在2012年12月就有超过5.03亿注册用户[1]。我们从新浪微博开放平台提供的API获取了三个数据集，分别是"The Continent""Sangfor Tournament"和"Sina

第5章 社交网络话题水军检测和推手发现

Campaign"。数据集"The Continent"是从2014年6月25日到7月25日的讨论话题"#后会无期#"的微博构成的数据集，共有72 064个用户的79 075篇博文和42 325篇评论，其每天产生的博文数如图5.2所示。从图5.2中可以发现大量的微博是在7月15日之后发表的。

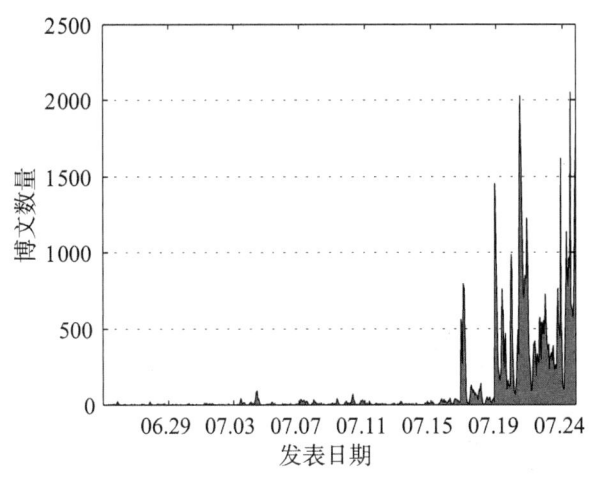

图5.2 数据集"The Continent"中每天的博文数变化情况

数据集"Sangfor Tournament"是从新浪微博中爬取的包含关键词"深信服精英争霸赛"的微博，时间是从2014年的6月27日到8月27日，共包含16 364用户的57 474篇微博和1 021条评论。图5.3是此数据集中每天产生的博文数，可以发现博文主要集中在7月20日至7月30日这段时间。

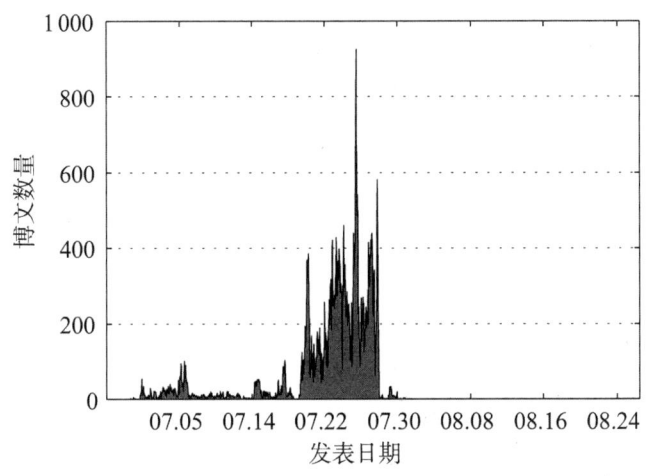

图5.3 数据集"Sangfor Tournament"中每天的博文数变化情况

为了保护隐私，我们不提供数据集"Sina Campaign"的爬取细节，只提供此数据集中的一些统计数据。数据集"Sina Campaign"中包含从2014年3月21

到 4 月 15 日的 63 639 条微博，其中包含 53 062 个用户。图 5.4 显示了此数据集中每天产生的博文数。在所有三个数据集中，我们从新浪微博 API 中爬取用户之间的粉丝/朋友关系，并爬取每个用户的前 200 条博文。

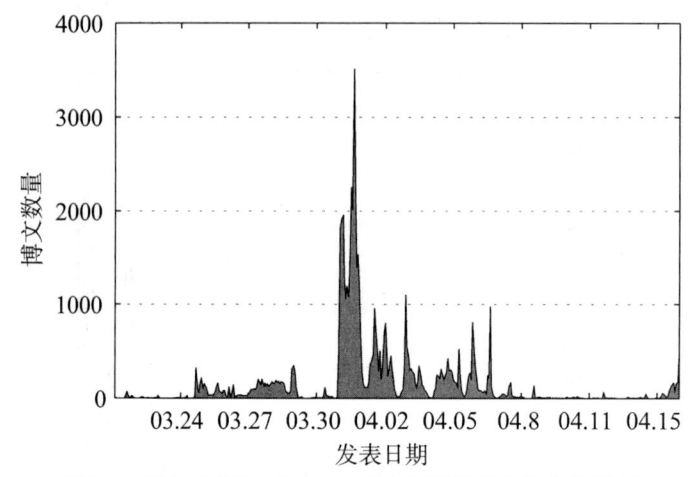

图 5.4　数据集"Sina Campaign"中每天的博文数变化情况

图 5.5 统计了在一天的不同时间点用户的发帖统计，发现在数据集"The Continent"和"Sina Campaign"中，用户发帖的时间点分布很不均匀，在一定程度上符合人类的作息规律，说明在这两个数据集中机器人水军较少、人类直接操作的网络水军账号较多。而在数据集"Sangfor Tournament"中，用户发布的时间点非常均匀，水军中有大量被程序控制的"僵尸"账户的可能性较大。

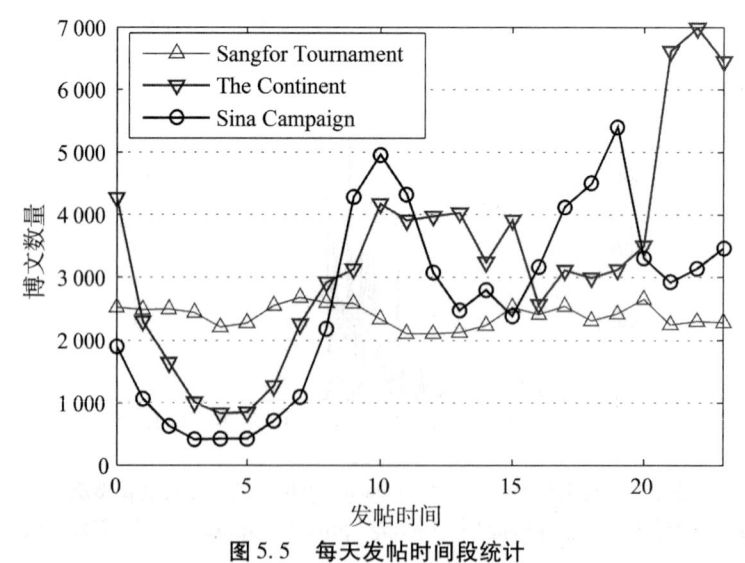

图 5.5　每天发帖时间段统计

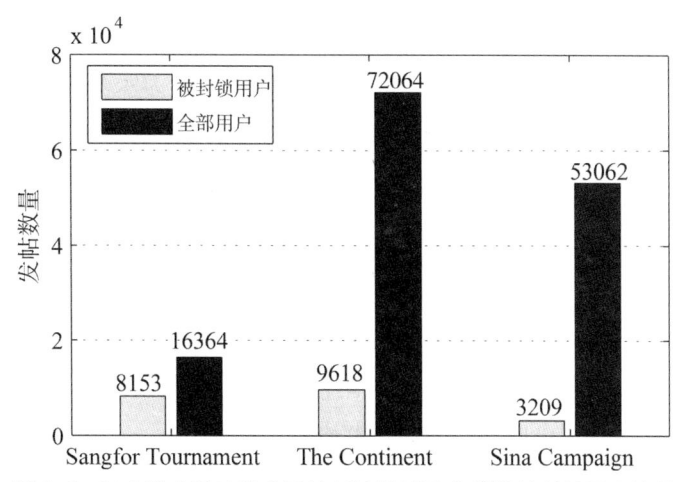

图 5.6　三个推广活动结束后被新浪微博平台封锁的封锁用户统计

三个数据集都符合推广话题的特征，因为在每一个数据集中都有大量的推广 URL 链接，而且在每一个推广活动结束后，都有大量参与推广活动的用户被新浪微博平台封锁。图 5.6 显示了在三个数据集中被封锁的用户数。在数据集"Sangfor Tournament"中，有超过 49.82% 的用户被封锁，而在"The Continent"数据集中仅有 6.05%，在数据集"Sina Campaign"中仅有 12.16%。

我们在数据集"The Continent"和"Sangfor Tournament"上通过以下方法来判断一个用户是不是水军。从这两个数据集中随机选取 450 个用户，然后通过 3 个志愿者来判断一个用户是不是水军用户。这 3 个志愿者在判断一个用户是不是水军时被要求认真查看此用户发表的博文有多少与其他用户的博文相同（事先计算出与此类用户博文相同的其他用户的博文），而且博文的来源平台（如微博发表平台"皮皮时光机"、新闻网站"新华网"等）、此用户发表的评论（包括回复和转发动作产生的评论）有多少与他人相同（同上，事先计算出与此类用户发表的评论相同的其他用户的评论）。而且，他们还被要求查看此用户的影响力、粉丝数朋友数之比、URL 博文比例和被回复和转发的博文比例。例如，如果一个用户和很多用户一起发表了很多相同的原始博文，而且这些博文不是由新闻网站等平台生成的消息，那么此用户很可能是水军。如果两个及以上的志愿者认为此用户是水军时，那么认定此用户为水军。只有一个或更少的用户认为此用户为水军，则认为此用户为正常用户。在这里，从数据集"The Continent"选取的 450 个用户的测试集中共发现了 171 个水军账户（279 个正常用户），从数据集"Sangfor Tournament"选取的 450 个用户的测试集中共发现了 351 个水军账户(99 个正常用户)。

从数据集"Sina Campaign"中,明确知道哪些用户为水军。为了减少计算量和与上述两个数据集保持一致,我们也从中选取 450 个用户组成测试集,其中有 294 个水军和 156 个正常用户。

5.3 水军检测模型

在本节,首先研究水军的 4 个个体特征和 6 个群体特征,然后基于这些特征提出一种基于逻辑回归模型的水军检测方法。

5.3.1 水军个体特征

在本小节,将分别研究水军的 4 个个体统计特征,分别是粉丝数朋友数之比、URL 博文比例、被回复和转发的博文比例和用户影响力。

1. 粉丝数朋友数之比(RFF)

在微博平台如新浪微博和推特中,如果用户 A 关注用户 B,那么称 A 是 B 的粉丝,B 是 A 的朋友。微博平台中的用户倾向于获取更多的粉丝以提高自己的影响力[12]。垃圾用户和水军也都倾向于获取更多的粉丝,一方面可以提高自己传播信息的效率,为自己发布推广博文获取更高的报酬;另一方面也可以减少自己被微博平台封锁账号的风险。垃圾用户和水军通常主动关注很多人,但是难以得到这些被关注者的关注,因为他们通常不能发布高质量的博文,通常造成用户的粉丝数朋友数之比失衡。在式(5.1)中定义"粉丝数朋友数之比"P_{RFF}(RFF:the ratio of friends to followers)。

$$P_{RFF} = \frac{N_{FR}}{N_{FR} + N_{FO}} \tag{5.1}$$

其中,N_{FR} 是此用户的朋友数,N_{FO} 是用户的粉丝数。

2. URL 博文比例(URL)

由于微博平台如新浪微博和推特限定博文的长度不超过 140 个字,因此平台中的话题推广博文通常不长,而是采用超链接 URL 的方式将其链接到其他平台。由于水军经常发布来自雇主的话题推广博文,其博文中的 URL 比例很可能高于一般用户。式(5.2)定义了 URL 博文比例 P_{URL}。

$$P_{\text{URL}} = \frac{N_{\text{URL}}}{N_{\text{All}}} \tag{5.2}$$

其中，N_{URL}是用户前200条博文中包含URL的博文数量，N_{All}是数据集获取到的用户博文总数。在试验中，N_{All}不大于200，因为我们只获取了用户前200条博文。

3. 被回复和转发的博文比例(RRE)

在新浪微博中，你可以对一个博文进行回复或转发，被回复和转发的博文作者将收到一个通知消息。用户通常回复和转发自己感兴趣或好友的博文，而水军通常不发布高质量的博文，因此通常情况下水军的博文被其他用户回复或转发的比例较小。在式(5.3)中定义被回复和转发的博文比例P_{RRE}。

$$P_{\text{RRE}} = \frac{|TSet_{\text{reply}} \cup TSet_{\text{retweet}}|}{N_{\text{All}}} \tag{5.3}$$

其中，$TSet_{\text{reply}}$和$TSet_{\text{retweet}}$分别是被回复和转发的博文集合，N_{All}是数据集获取到的用户博文总数。和"URL博文比例(URL)"中定义的博文总数一样，N_{All}不大于200，因为只获取了用户前200条博文。

4. 用户影响力(IN)

由于水军经常发表推广博文，因此水军通常影响力较低。Ding等人[12]提出使用基于多关系网络的用户影响力计算方法，多关系网络是指转发网络、回复网络、复制网络和阅读网络。其基本思想是在多关系网络中利用PageRank算法进行计算。我们在转发网络和回复网络上实现了他们的算法，在超过3 000万活跃用户的大图中计算用户的影响力。由于用户网络过大，我们采用分布式并行处理框架MapReduce[13]进行计算，在有32个节点(4核CPU，32G内存)的Hadoop集群[14]上进行了实验。将用户影响力归一化到0和1之间，$P_{\text{IN}}(0 \leq P_{\text{IN}} \leq 1)$。

5.3.2 水军群体特征

在本小节，将分别研究水军的6个群体特征，分别是原始博文拷贝、无关注转发、转发评论拷贝、无关注回复、回复评论拷贝和无关注提及。这6个特征都和用户的四种常见行为有关，它们是发表原始微博、转发微博、回复博文和提及他人。

数据表示与分析预测若干关键技术研究

1. 原始博文拷贝（OTCopy）

图 5.1 描述了典型的水军组织结构，从图中知道内容发布者通常是从资源组处获取发布内容，所以通常造成很多内容发布者发布的内容是相同的（或者仅仅修改了几个字），将这种现象称为"原始博文拷贝"。已有的对垃圾用户检测的研究[7,10]也使用"原始博文拷贝"特征。采用向量空间模型（vector space model，VSM）[24]来计算两条微博的相似度，寻找两条完全相同的微博或仅仅修改了几个字的雷同微博。我们经验性地设定两条微博是否雷同的相似度阈值为 0.85。对于一条博文 $tweet_i$，如果 $tweet_j$ 和 $tweet_i$ 的博文相似度超过了设定的阈值 0.85，而且 $tweet_i$ 的发布时间早于 $tweet_j$ 的发布时间，那么认为 $tweet_j$ 是从微博 $tweet_i$ 中拷贝的。将一个数据集中的博文两两进行比较来找到数据集中所有博文内容雷同的博文。如果一个用户 u 总共发表了 N_{OT} 条原始微博，其中有 N_{OTCopy} 条微博是从其他用户处拷贝的，且这 N_{OTCopy} 条微博每条被其他用户拷贝总数大于 5，那么式（5.4）中定义了原始博文拷贝 P_{OTCopy}。

$$P_{\text{OTCopy}} = \frac{N_{\text{OTCopy}}}{N_{\text{OT}}} \tag{5.4}$$

2. 无关注转发（RTNonFriends）

转发是指利用微博平台将别人发布的博文发布到自己的主页上并加上相关评论的动作。转发是社交网络平台快速传播信息的重要手段，被社交网络用户大量使用。典型的情况是用户转发关注的用户的微博，因为用户可以在自己的主页上看到朋友的微博。水军通常是被雇用去转发某条微博到自己的朋友圈，以达到在自己朋友圈中传播信息的目的。他们通常没有足够的耐心来先关注此目标用户，然后再转发此目标微博，他们通常直接转发目标用户的微博。假定用户 u 总共转发了 N_{RT} 条微博，而其中有 $N_{RTNonFriends}$ 条微博是从非用户处转发的，而且这 $N_{RTNonFriends}$ 也被很多其他用户无关注转发（被无关注转发的数量超过 5），那么式（5.5）定义了无关注转发为 $P_{RTNonFriends}$。

$$P_{\text{RTNonFriends}} = \frac{N_{\text{RTNonFriends}}}{N_{\text{RT}}} \tag{5.5}$$

3. 转发评论拷贝（RTCopy）

在用户转发微博时，通常用户会添加一个对被转发微博的评论，添加的转发评论也被限定在 140 个字以内。与原始博文拷贝一样，水军添加的评论也通常是从资源组拷贝而来(或者仅仅修改几个字)。在试验中,我们删除字数小于5的转发评论微博。类似原始博文拷贝中寻找拷贝的原始博文的做法,同样采用向量空间模型VSM来在整个数据集中两两比较所有的博文,衡量两个转发评论是否雷同的相似度阈值也被设定为0.85。假定一个用户有N_{RTCopy}条转发评论与其他用户的转发评论存在雷同现象,并且这N_{RTCopy}条转发评论每一条都至少与其他5个用户的转发评论相同,而用户u总共转发了N_{RT}条微博,那么式(5.6)定义了"转发评论拷贝"P_{RTCopy}。

$$P_{\text{RTCopy}} = \frac{N_{\text{RTCopy}}}{N_{\text{RT}}} \tag{5.6}$$

4. 无关注回复(RENonFriends)

回复是对一条微博进行评论,评论的长度也被限定在140个字以内,正常用户通常是对自己好友的微博进行回复。水军通常是由雇主指定其对某微博进行回复,他们通常没有耐心先关注此用户然后再进行回复,所以通常用户未关注而回复比例较高。对于一个用户u总共有N_{RE}条回复,如果其有$N_{\text{RENonFriends}}$条回复是未关注而回复的,且$N_{\text{RENonFriends}}$条博文中每条博文都被超过5个人未关注而回复,那么用户u的"无关注回复"的特征$P_{\text{RENonFriends}}$在式(5.7)中被定义。

$$P_{\text{RENonFriends}} = \frac{N_{\text{RENonFriends}}}{N_{\text{RE}}} \tag{5.7}$$

5. 回复评论拷贝(RECopy)

如同原始博文拷贝,水军添加的回复通常也是从资源组拷贝而来(或者仅仅修改几个字)。在试验中,我们不考虑字数小于5的回复。类似于原始博文拷贝中寻找拷贝的原始博文的做法,同样采用向量空间模型VSM来在整个数据集中两两比较所有的回复,衡量两个回复是否雷同的相似度阈值为0.85。假定一个用户有N_{RECopy}条回复是从其他用户处拷贝的,且每条回复总拷贝用户数大于5,那么"回复评论拷贝"P_{RECopy}在式(5.8)中被定义。

$$P_{\text{RECopy}} = \frac{N_{\text{RECopy}}}{N_{\text{RE}}} \tag{5.8}$$

6. 无关注提及(NoFollow)

在微博平台(如新浪微博和推特)中,用户在发布微博时提及某人(@用户名)使得被提及的用户收到一条提醒消息来查看此微博。在朋友之间使用此方式非常方便,可以提醒微博的相关人员注意此微博。这种方式也被水军用来让别的用户查看自己发表的推广博文(如广告博文)等。通常在两种情况下用户会提及某个人:第一种是发表的微博作者认为某用户可能感兴趣,通常是自己的好友;第二种是微博的内容与某个用户相关,比如某用户是此条微博的中的主要人物等。如果一个用户提及了某用户而又不在上述两种情况范围内,那么将其视为一种异常情况,将其称为"无关注提及"(NoFollow)。之前我们讨论了原始博文拷贝(OTCopy)、回复评论拷贝(RECopy)和转发评论拷贝(RTCopy)中通常不仅存在拷贝,也同时存在无关注提及的行为。在此处,还要考虑在多个用户(用户数大于5)转发某条博文时无评论而直接提及其他用户的情况。如果一个用户在上述情况下无关注提及或提及无关人员的微博共有 N_{NoFollow} 条,其共发布了 N_{All} 条博文,那么无关注提及 P_{ME} 可以用式(5.9)定义。

$$P_{\text{ME}} = \frac{N_{\text{NoFollow}}}{N_{\text{All}}} \tag{5.9}$$

5.3.3 算法框架

本章研究的水军检测问题定义如下:对于微博系统中一个推广活动中的用户 k 个用户 $U = \{u_1, u_2, \cdots, u_k\}$。每一个用户 u_i 都会发表、转发和回复一些微博,并且关注和被关注一些用户。在本章,水军检测问题被定义为二类分类问题,即构建一个二类分类模型 c 来判断一个用户 u_i 是水军或正常用户,其形式化表示如式(5.10)所示。

$$c: u_i \to \{\text{Organized Poster}, \text{Legitimate User}\} \tag{5.10}$$

利用5.3.1小节和5.3.2小节发现水军的特征来构建分类模型 c。

采用线性模型将4个个体统计特征组合起来,假如 P_{Sta} 是4个个体特征的组合值,式(5.11)是用户 u 的4个个体特征的组合,

$$P_{\text{Sta}}(u) = \alpha_1 P_{\text{RFF}} + \alpha_2 P_{\text{RRE}} + \alpha_3 P_{\text{URL}} + \alpha_4 P_{\text{IN}} \tag{5.11}$$

其中,$\alpha_i (i = 1, 2, 3, 4)$是4个个体特征的权值。

第5章 社交网络话题水军检测和推手发现

同样采用线性模型将6个群体特征组合起来，式(5.12)显示了用户 u 的6个群体特征的组合值 $P_{Beh}(u)$ 计算方法。

$$P_{Beh}(u) = \beta_1 P_{OTCopy} + \beta_2 P_{RTNonFriends} + \beta_3 P_{RTCopy} + \beta_4 P_{RENonFriends} + \beta_5 P_{RECopy} + \beta_6 P_{ME} \tag{5.12}$$

其中，$\beta_i(i=1,2,3,4,5,6)$ 分别是6个群体特征的权值。

用式(5.13)将个体特征和群体特征组合起来。

$$R(u) = P_{Sta}(u) + P_{Beh}(u) \tag{5.13}$$

其中，$R(u)$ 是4个个体特征和6个群体特征的组合值。

5.3.4 参数学习

式(5.13)定义了综合个体和群体特征来判断一个用户是否为水军的相关系数值。在本小节我们将基于最大似然估计[15]方法学习式(5.13)中的参数 α_i ($i=1,2,3,4$) 和 $\beta_i(i=1,2,3,4,5,6)$。构建损失函数来学习最佳的权值，算法的最终目标是在训练集上最小化总体的损失函数值。

我们的任务被定义为一个二类分类问题。如果一个用户是水军，其被认为是训练集中的一个正例；否则此用户是正常用户，被认为是一个反例。$\overline{R}(u) \in \{0,1\}$ 表示训练集中各个用户的标签，其中1表示用户 u 是水军，0表示用户 u 是正常用户。采用最大似然估计方法构建损失函数，如式(5.14)所示。

$$l = (\overline{R}(u) - 1)\log(1 - R'(u)) - \overline{R}(u)\log(R'(u)) + \text{regularization} \tag{5.14}$$

其中，$R'(u) = \text{sigmoid}(R(u))$，$R(u)$ 是在式(5.13)中定义的判断一个用户是否为水军的综合值。函数 $\text{sigmoid}(x) = 1/(1+e^{-x})$ 将 $R(u)$ 转换到区间 $(0,1)$ 内。我们通过 regularization 来防止过度拟合现象的出现。采用 L2 regularization[16]方法来定义 regularization，如式(5.15)所示。

$$\text{regularization} = \lambda_\alpha \|\alpha\|^2 + \lambda_\beta \|\beta\|^2 \tag{5.15}$$

其中，λ_* 是权值的向量，用于控制方法对大参数的敏感度。α 和 β 分别是式(5.11)中的 $\alpha_i(i=1,2,3,4)$ 和式(5.12)中的 $\beta_i(i=1,2,3,4,5,6)$ 的向量。

随机梯度下降法被用来通过训练最小化损失函数式(5.14)的值。随机梯度下降法的三个步骤如下：(1)加载训练样本到系统中，每个训练样本包括用户的4个个体特征和6个群体特征的数字化值，本章提出的方法计算出的 $R(u)$ 和训练标签 $\bar{R}(u)$；(2)根据训练数据计算当前参数的梯度值；(3)根据梯度值更新训练参数的值。

我们以个体统计特征权值向量 α 为例说明本章是如何利用随机梯度下降法的。对于训练样本，首先根据式(5.14)中的损失函数计算参数 α 的梯度 $\frac{\partial l}{\partial \alpha}$，如式(5.16)所示。

$$\frac{\partial l}{\partial \alpha} = (\bar{R}(u - R'(u)) \frac{\partial R(u)}{\partial \alpha} + 2\lambda_\alpha \alpha \tag{5.16}$$

通常在实践中设定 λ_α 正比于与其相关的参数个数的平方。式(5.16)中的 $\frac{\partial R(u)}{\partial \alpha}$ 可以用 $\partial \frac{\partial R(u)}{\partial \alpha} = P_{\text{statistical}}$ 计算，其中 $P_{\text{statistical}}$ 是个体统计特征的向量。最后 α 根据式(5.17)中的梯度进行更新。

$$\alpha^{(t+1)} = \alpha^{(t)} - \varphi \frac{\partial l}{\partial \alpha^{(t)}} \tag{5.17}$$

其中，φ 是参数的学习率，在试验中，将其设定为0.1。

5.4 实验评价

5.4.1 评价指标与对比方法

采用5.2节中的三个数据集"The Continent""Sangfor Tournament"和"Sina Campaign"的测试集来进行评价，每个测试集中共包含450个已标注好的样本。所有的实验采用10次交叉验证(10-fold cross-validation)的方法来评价我们的方法的性能。采用精确度、召回率、F1值、准确率、假正类率(false positive rate)和真正类率(true positive rate)作为评价指标。表征这些评价指标计算方法的混淆矩阵见表5.1所列。因此判断一个用户为水军的精确度(Precision) P 可以用公式 $P = t_1/(t_1 + t_3)$ 计算，精确度用于计算预测正确为水军的用户和总体预测为水军的用户之比。召回率(Recall) R 显示了预测正确为水军的用户和所有真正为水军的用户之比，其可以用公式 $R = t_1/(t_1 + t_2)$ 进行计算。F1 值是正确率和召回率之间权衡后的指标,其计算公式是 $F1=2PR/(t_1+t_2)$。准确率 A(Accuracy)是分类中所有分类正确的用户数占用户总数的比例,其计算公式为 $A=(t_1+t_4)/(t_1+t_2+t_3+t_4)$。假正类率指的是本来属于 Y 类的用户被划分到其他类别,其可用公式 $FPR=t_3/(t_3+t_4)$ 计算。类似地,真正类率是指本属于 Y 类的用户被正确分类到 Y 类,其计算公式为 $TPR=t_1/(t_1+t_2)$。

表 5.1　混淆矩阵示例

示例		预测	
		网络水军	合法用户
真实情况	网络水军	t_1	t_2
	合法用户	t_3	t_4

为了评价我们提出的 FDOP(framework for detecting organized posters)方法的性能,用其他四种方法来进行比较,它们是 Statistics 方法、Group 方法、SpamSVM 和 Chen2013 方法。五种方法都在三个数据集的测试集上采用 10 次交叉验证的方法进行实验分析。下面详细描述这些方法。

(1) FDOP 方法。FDOP 方法是本章提出的方法,其综合利用 5.3.1 小节中描述的 4 个个体特征和 5.3.2 小节中描述的 6 个群体特征。其参数学习框架如 5.3.4 小节所述。

(2) Statistics 方法。Statistics 方法和 FDOP 方法类似,但是其只利用了 5.3.1 小节中描述的 4 个个体特征,而没有利用 5.3.2 小节中描述的 6 个群体特征。其参数学习框架如 5.3.4 小节所述。

(3) Group 方法。Group 方法和 FDOP 方法类似,但是其只利用了 5.3.2 小节中描述的 6 个群体特征,而没有利用 5.3.1 小节中描述的 4 个个体特征。其参数学习框架如 5.3.4 小节所述所示。

(4) SpamSVM 方法。用于检测垃圾用户的方法也可以被用于检测网络水军。目前已知的方法[17,18]多是利用用户的性别、年龄等简介信息和用户的博文来构建有效的有监督学习模型,然后将此模型应用于未知的数据。在本章的试验中,利用 5.3.1 小节中描述的 4 个个体特征作为简介信息,将 5.3.2 小节中描述的原始博文拷贝(OTCopy)作为语义特征。在试验中使用采用支持向量机(support vector machine,SVM)的开源实现 LIBSVM[19]作为分类模型。

(5)Chen2013方法。Chen[20]等人在2013年提出了一种基于用户评论的水军检测方法。在他们的方法中使用的特征为新回复数比例(percentage of replies)、平均间隔时间(average interval time of posts)、活跃天数(active days)、新闻评论数(the number of news reports)和回复拷贝(replying copy)。他们的方法是基于用户的评论而与用户发表的博文无关。同样采用支持向量机的开源实现 LIBSVM[19]作为分类模型。

5.4.2 实验比较

从假正类率FPR、F1值和准确度三个方面分别评价此五个方法在三个数据集"The Continent""Sangfor Tournament"和"Sina Campaign"中的性能情况。表5.2、表5.3和表5.4分别显示了在此三个数据集上的性能。从中可以发现我们的FDOP方法在所有三个数据集上获得了最高的准确度和F1值，说明综合利用群体特征和个体特征能够有效地检测网络水军。在假正类率FPR方面，我们的FDOP方法在数据集"Sangfor Tournament"上获得了最佳的性能，但是在数据集"The Continent"上我们的方法比Chen2013方法和SpamSVM方法差，在数据集"Sina Campaign"上仅比"SpamSVM"差。Group方法在所有三个数据集上的准确度和F1值都比Statistics方法更好，其仅仅在数据集"The Continent"的假正类率FPR上比Statistics方法差，说明了群体方法在检测水军方面比个体统计方法更有效。在准确度和F1值两个评价指标上，SpamSVM方法比FDOP方法和Group方法都差，是因为其仅仅利用了个体特征和博文语义特征，而没有使用其他的群体特征。Chen2013方法由于仅仅使用用户评论进行水军检测，而我们数据集中用户的评论数据较少，因此其在F1值和准确度方面都比FDOP方法和Group方法差。在所有三个数据集上我们发现Group方法取得了和FDOP方法几乎相同的性能，而Statistics方法则明显比FDOP方法差。在一定程度上说明了在这三个数据集中群体特征比个体统计特征在检测水军方面更重要。

表 5.2　数据集"The Continent"中算法性能比较

方法	FPR	F1 值	准确度
FDOP	8.55%	0.890 9	91.56%
Group	11.05%	0.889 5	90.11%
Statistics	9.83%	0.529 2	73.11%
SpamSVM	5.99%	0.664 2	79.56%
Chen2013	2.11%	0.078 2	63.33%

表 5.3　数据集"Sangfor Tournament"中算法性能比较

方法	FPR	F1 值	准确度
FDOP	0	0.982 2	96.78%
Group	1.25%	0.973 6	96%
Statistics	84.21%	0.885 4	80.22%
SpamSVM	0	0.965 3	95.23%
Chen2013	75.76%	0.890 9	81.37%

表 5.4　数据集"Sina Campaign"中算法性能比较

方法	FPR	F1 值	准确度
FDOP	10.33%	0.871 2	84.67%
Group	11.91%	0.854 9	82.89%
Statistics	75.04%	0.787 6	68%
SpamSVM	3.85%	0.839 5	81.56%
Chen2013	21.15%	0.766 0	72.44%

比较上述五种方法的准确度随着水军相关度阈值的变化情况。相关度阈值用于衡量检测模型中得出的值在什么范围内为水军、在什么范围内为正常用户。比如，在我们的 FDOP 方法中，根据模型计算出的结果 $R'(u)$ 为 0.6，如果相关度阈值设定为 0.7，则此用户被认定为水军，如果相关度阈值设定为 0.5，则此用户被认为是正常用户。本章描述的五种方法随相关度阈值的变化情况如图 5.7 所示。

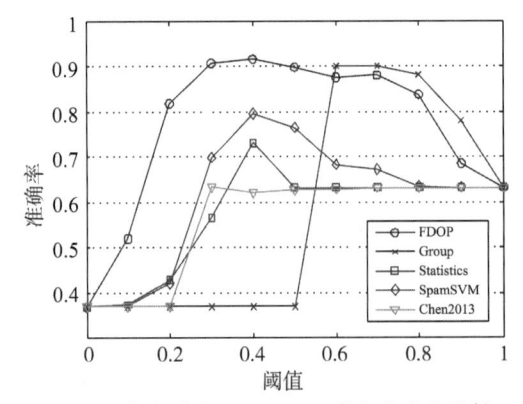

图 5.7 数据集"The Continent"中准确度比较

从图 5.8 和图 5.9 中可以看出我们的 FDOP 方法在三个数据集上都取得了最高的准确度，发现当阈值设定为 0.4～0.7 时，所有五种方法都能取得最高的性能。在数据集"The Continent"的试验中设定 FDOP 方法的阈值为 0.4，在数据集"Sangfor Tournament"的试验中设定阈值为 0.5，在数据集"Sina Campaign"的试验中设定阈值为 0.6。

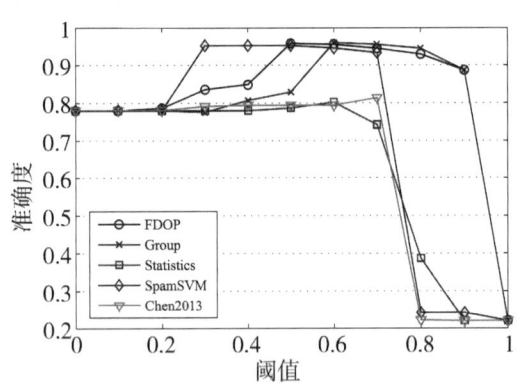

图 5.8 数据集"Sangfor Tournament"中准确度比较

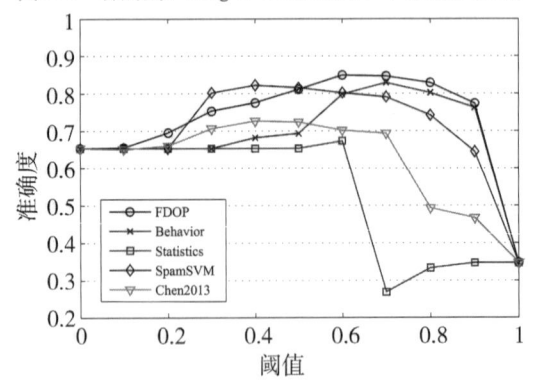

图 5.9 数据集"Sina Campaign"中准确度比较

第5章 社交网络话题水军检测和推手发现

为了衡量5.3.1小节中提出的4个个体统计特征和5.3.2小节中提出的6个群体特征在水军检测方面的识别能力,在三个数据集上分别构建 ROC (receiver operating characteristics)曲线来进行分析,ROC 曲线的 X 轴是假正类率,而 Y 轴是真正类率。ROC 曲线是随着相关度阈值设定的改变而得到的曲线,曲线越靠近左上角,即与 X 轴形成的面积越大,则此曲线相对应的特征的识别能力越强。与 X 轴组成的区域通常被称为 AUC(the area under the curve)。图5.10、图5.11 和图5.12 显示了这10个水军特征的 ROC 曲线。

图5.10 显示了数据集"The Continent"的 ROC 曲线,发现群体特征无关注转发(RTNonFriends)是最具识别能力的特征,而个体特征用户影响力(IN)、被回复和转发的博文比例(RRE)和 URL 博文比例(URL)也同样具有很高的区分能力。

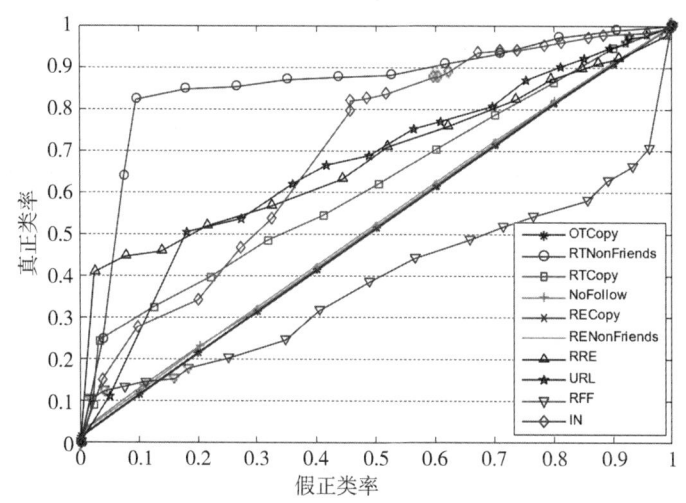

图5.10　FDOP 方法在数据集"The Continent"中的 ROC 曲线

图5.11 显示了数据集"Sangfor Tournament"的 ROC 曲线,群体特征原始博文拷贝(OTCopy)是最具识别能力的特征。在此数据集中,大多数用户都在发表拷贝的原始微博。群体特征转发评论拷贝(RTCopy)是第二大识别的特征。

数据表示与分析预测若干关键技术研究

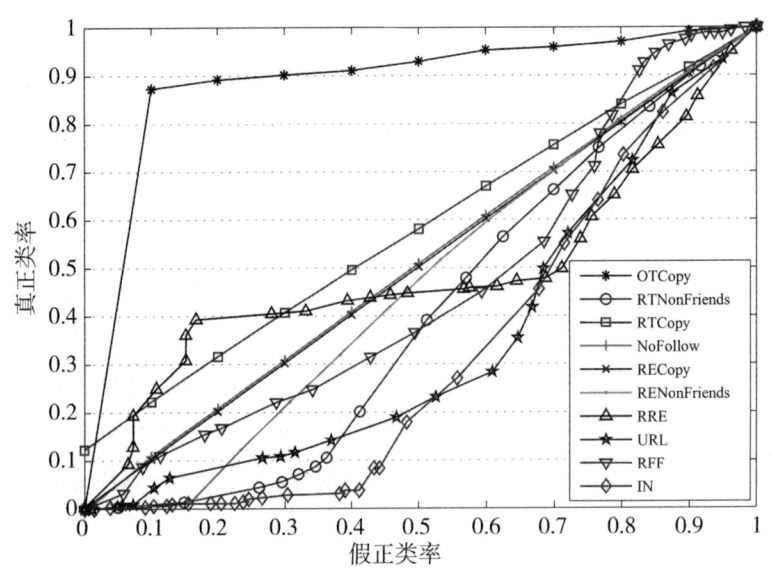

图 5.11 FDOP 方法在数据集"Sangfor Tournament"中的 ROC 曲线

在图 5.12 中显示了数据集"Sina Campaign"的 ROC 曲线，发现被回复转发的博文比例（RRE）、粉丝数朋友数之比（RFF）、URL 博文比例（URL）和用户影响力（IN）4 个个体特征是识别能力最差的特征，而群体特征转发评论拷贝（RTCopy）和无关注转发（RTNonFriends）是最具识别能力的特征。

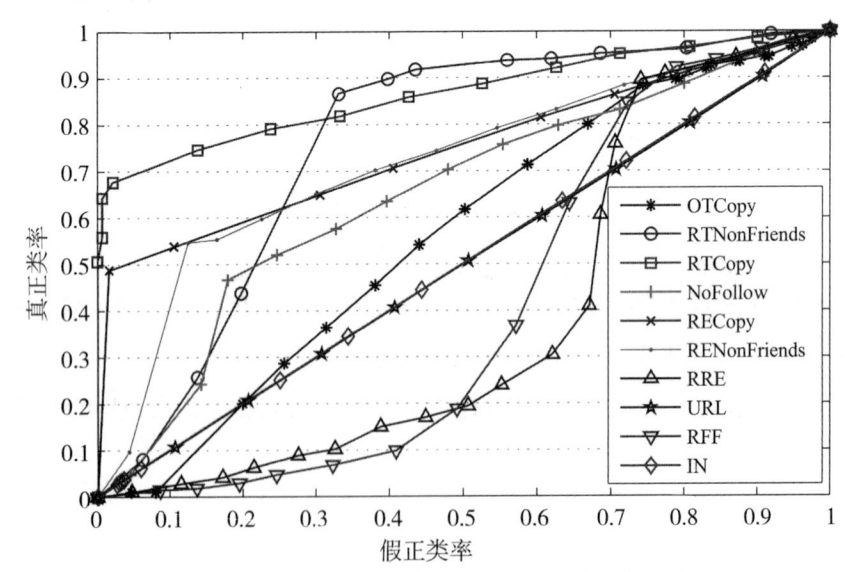

图 5.12 FDOP 方法在数据集"Sina Campaign"中的 ROC 曲线

我们采用 FDOP 方法发现三个数据集中的水军，图 5.13 显示了 FDOP 方法在三个数据集中发现的水军数量。与图 5.6 中被屏蔽的用户相比，很多未被屏蔽的用户被识别为水军。在数据集"Sangfor Tournament"中，87.84%的用户被认为是水军，而只有49.82%的用户被屏蔽；在数据集"The Continent"中，33.91%的用户被识别为水军，而只有12.16%的用户被屏蔽；而在数据集"SINA Campaign"中，有31.14%的用户被识别为水军，而仅有6.05%被屏蔽。

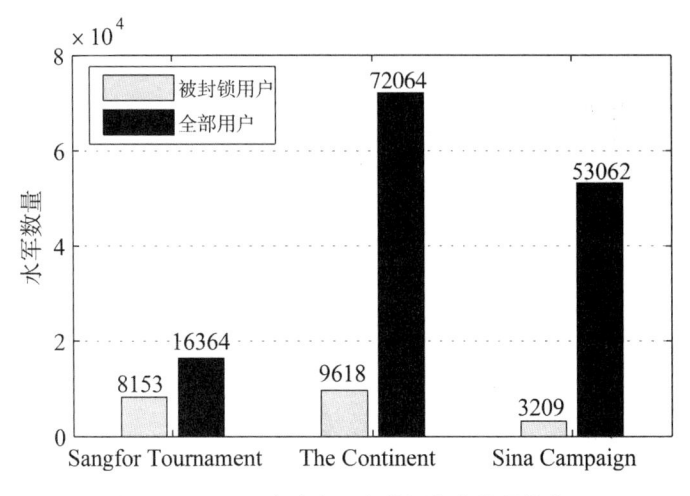

图5.13 FDOP方法在三个数据集中发现的水军

5.5 水军群体特性分析

本节将分析水军的群体特性。基于水军之间的粉丝/朋友关系构建起已检测出的水军之间的无向图。然后在水军间的无向图上使用Rosvall和Bergstrom提出的Infomap社区检测算法[21]发现水军的社区。Fortunato等人[22][23]的实验结果显示，Infomap算法是可以在大型真实网络中进行计算的性能最好的社区检测算法之一。图5.14、图5.15和图5.16分别显示了数据集"The Continent""Sangfor Tournament"和"Sina Campaign"中水军的前十个社区和社区间的关系。图中的节点表示社区，节点间的边表示社区之间的流量。节点的大小表示在社区中进行随机游走花费的平均时间，边的宽度正比于从一个社区随机游走到另一个社区的概率。

数据表示与分析预测若干关键技术研究

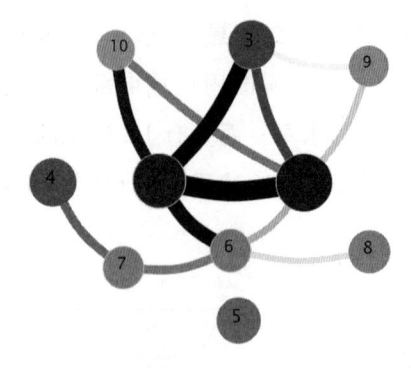

图 5.14 "The Continent"水军社区及其关系

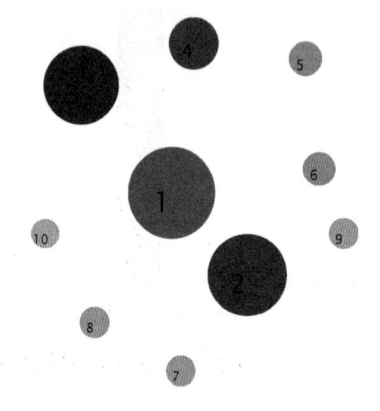

图 5.15 "Sangfor Tournament"水军社区及其关系

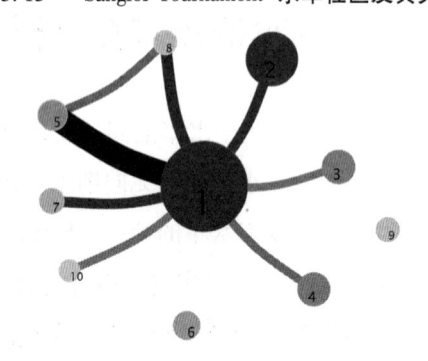

图 5.16 "Sina Campaign"水军社区及其关系

表 5.5、表 5.6 和表 5.7 显示了数据集"The Continent""Sangfor Tournament"和"SinaCampaign"中前 10 个社区的大小，在前 10 个社区中的用户总数分别是整个数据集中用户的 77.83%、88.62% 和 77.08%。这说明绝大多数的水军都属于少数几个社区。

第 5 章 社交网络话题水军检测和推手发现

表 5.5 数据集"The Continent"中前 10 个社区的大小及其观点倾向

社区	比例	相同观点
社区 1	17.99%	86%
社区 2	14.75%	90%
社区 3	10.57%	98%
社区 4	9.46%	98%
社区 5	3.95%	98%
社区 6	4.56%	92%
社区 7	5.97%	64%
社区 8	2.40%	78%
社区 9	3.20%	86%
社区 10	4.98%	78%

表 5.6 数据集"Sangfor Tournament"中前 10 个社区的大小及其观点倾向

社区	比例	相同观点
社区 1	5.98%	100%
社区 2	28.88%	100%
社区 3	26.06%	100%
社区 4	7.43%	100%
社区 5	2.89%	100%
社区 6	3.03%	100%
社区 7	9.23%	100%
社区 8	1.74%	100%
社区 9	1.70%	100%
社区 10	1.69%	100%

表 5.7 数据集"Sina Campaign"中前 10 个社区的大小及其观点倾向

社区	比例	相同观点
社区 1	42.59%	88%
社区 2	7.27%	100%
社区 3	1.73%	74%

续表

社区	比例	相同观点
社区 4	7.26%	92%
社区 5	11.54%	86%
社区 6	0.85%	68%
社区 7	2.16%	86%
社区 8	1.82%	82%
社区 9	1.39%	96%
社区 10	0.47%	100%

我们进一步分析每一个社区中用户持有的观点倾向，分析在同一个社区中的用户是否会持有相同的观点。从每个数据集的前 10 个社区中随机选取 50 个用户，并人工分析他们发表博文的观点倾向。表 5.5、表 5.6 和表 5.7 显示了数据集"The Continent""Sangfor Tournament"和"Sina Campaign"中 50 个用户的情感倾向。在表 5.5 中，发现在数据集"The Continent"中绝大多数用户发表类似的博文，对事情持有相同的观点倾向。比如，在社区 1 中，有 86% 的用户在推广博文"电影《我和我的家乡》将在 5 天后首映"，对电影持称赞观点。在社区 3 中，甚至有超过 98% 的用户在推广博文"电影《我和我的家乡》将在 4 天后首映"，对电影持称赞观点。在表 5.6 的数据集"Sangfor Tournament"中，前 10 个社区中每个社区都是 100% 的用户持有相同的观点。例如，在社区 1 中随机选择 50 个用户，发现社区中的用户都在推广链接"http://t.cn/RvrbVLC"。在数据集"Sina Campaign"中，见表 5.7 所列，社区 1 中有超过 88% 的用户在尝试推广某项竞赛的结果。在社区 2 中甚至有 100% 的用户在吸引用户来参加此竞赛。在三个数据集中，大多数水军都属于前 10 个社区，且在前 10 个社区中绝大多数的用户都持有相同的观点倾向，说明水军是在有组织地发表博文，其显示了水军的群体特性。

5.6　网络推手发现

本节将研究在一个话题推广活动中发现网络推手。网络推手指的是组织水军进行推广活动的人员，在本节我们定义网络推手为推广博文的源头作者。

第 5 章 社交网络话题水军检测和推手发现

虽然本文定义的网络推手和推广活动的组织者之间存在差异，但是找出推广博文的源头作者在现实世界中仍然是有意义的，因为其是找到现实生活中推广活动组织者的重要线索，有时候推广活动的组织者就在网络推手中。

本节的方法是基于 5.3 节提出的 FDOP 方法检测出的水军为基础进行分析的，FDOP 方法在三个数据集上发现的水军个数如图 5.13 所示。

基于"原始博文拷贝""转发"和"回复"来构建推广博文的传播图。如果一条微博 j 是一名用 FDOP 方法发现的水军从微博 i 处拷贝（"原始博文拷贝"）、转发或回复而来，那么在微博 j 和微博 i 之间将有一条边。如果微博 j 的发布时间晚于微博 i，那么这里将有一条从微博 i 到微博 j 的有向边。图 5.17 显示了一条推广微博的典型传播示意图，其中节点 A 表示博文的原始博文，而节点 B 和 C 是从 A 拷贝的原始博文，节点 M 是从 A 转发的博文，节点 D、K 和 J 则是相对应节点的回复博文。

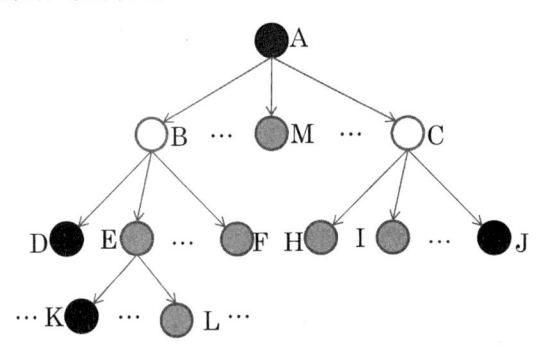

图 5.17 典型的推广微博传播图

采用反向深度优先搜索方法计算一篇博文的传播数量。如果在一个博文的传播树中有 N 条博文，那么此原始博文的传播数 $N_{\text{Tweet}}(i)$ 可以用式(5.18)进行计算。如果微博 i 是传播树中最原始的博文，则其传播数为 $N-1$，否则的话其传播数为 0。而用户的博文传播数则是此用户所有博文的传播数之和。

$$N_{\text{Tweer}}(i) = \begin{cases} N-1, & \text{it is the source tweet} \\ 0, & \text{others} \end{cases} \quad (5.18)$$

图 5.18、图 5.19 和图 5.20 分别是数据集"The Continent""Sangfor Tournament"和"SinaCampaign"上前 90 个推手博文传播数和前 90 篇博文传播数。在数据集"The Continent"中，如图 5.18 所示，总共有 20 558 人次水军参与了传播量前 10 的博文的传播，占所有微博传播数的 60.51%。而传播量前

10 的用户中,微博的传播量占所有微博传播数的 74.36%。传播量前 90 篇微博,其占微博传播总数的 85.77%,而传播量前 90 个用户,其传播量占传播总数的 89.06%。

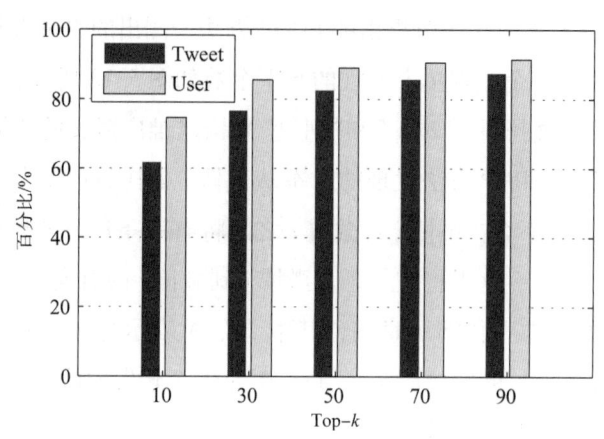

图 5.18 "The Continent"中前 90 个推手的博文和前 90 篇博文的传播数

如图 5.19 所示,在数据集"Sangfor Tournament"中,水军总共参与了 55 424 次博文的传播。在传播量前 10 的博文和用户中,总共有 23.87% 和 51.34% 的水军参与了其博文的传播。但是在传播量前 90 篇博文和前 50 个用户中,有 99.99% 和 99.98% 的水军参与其传播。

在数据集"Sina Campaign"中,水军总共参与了 48 557 次博文的传播。在传播量前 10 的博文和用户中,总共有 61.76% 和 74.57% 的水军参与了其博文的传播。但是在传播量前 90 的博文和用户中,有 87.66% 和 91.37% 的水军参与其传播。

在三个数据集上的实验验证了绝大多数的水军只出现在了少量的原始博文传播中。也就是说,这少量原始博文的作者也就是网络推手。在三个数据集"The Continent""SangforTournament"和"Sina Campaign"中,网络推手分别在博文传播量前 90、前 50 和前 90 的用户中,因为超过 89% 的水军参与次数出现在这些用户的博文中。

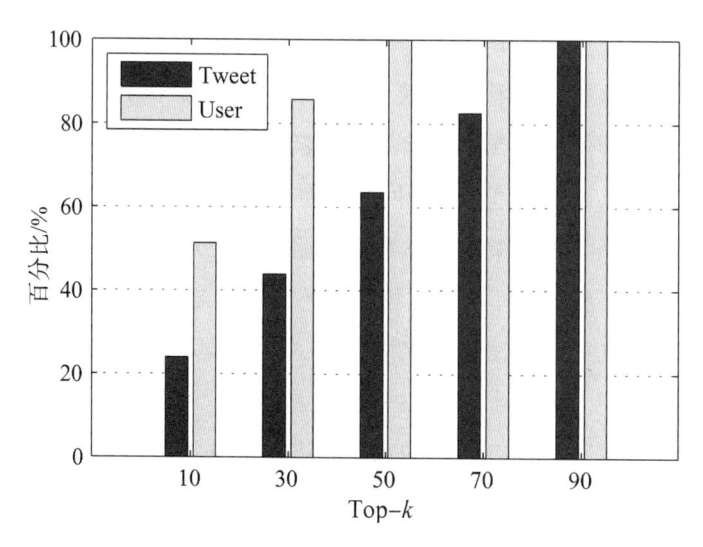

图 5.19 "Sangfor Tournament"中前 90 个推手的博文和前 90 篇博文的传播数

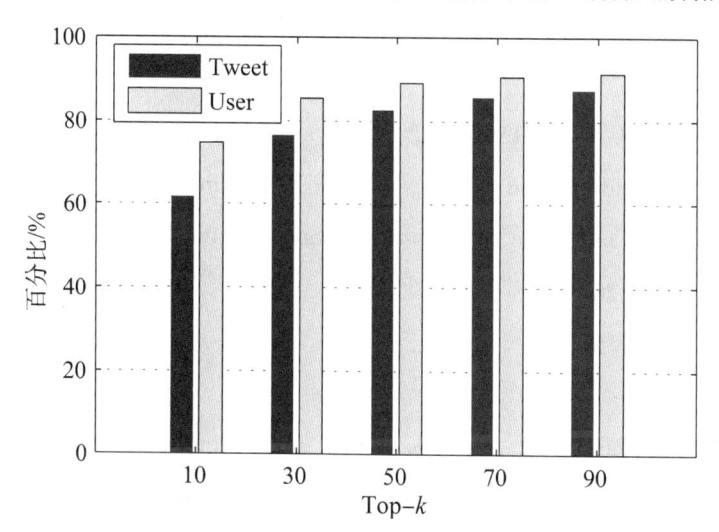

图 5.20 "Sina Campaign"中前 90 个推手的博文和前 90 篇博文的传播数

5.7 本章总结

在本章中，我们讨论了在社交网络平台中如何检测一群特殊的网络在线用户"网络水军"及"网络推手"，他们的目的是人为地促进话题信息的传播。网络水军是一类特殊的垃圾用户，其不仅给网络带来大量推广信息，而且可能发布不真实的、引起误导的信息。类似于传统的垃圾用户检测，首先研究了水军的个体特征,发现其在水军检测方面的效果有欠缺。然后研究6个水军的群体特征,这些群体特征反映了水军作为一个群体是如何协同工作的。在试验中发现,群体特征在水军检测方面甚至比个体特征效果更好。在个体特征和群体特征基础上,基于逻辑回归模型构建了水军检测框架FDOP,采用随机梯度下降法来学习框架中的参数。实验结果显示我们的方法比已知算法的性能更好。为了验证水军的群体特性,基于水军之间的粉丝/朋友关系构建无向图,利用社区检测方法发现水军的社区。实验发现,绝大多数水军都存在于少量的社区中。进一步分析每一个社区中水军的观点倾向,发现在同一社区中的大多数水军都持有相同的观点。进一步基于已检测出的水军发现推广活动的推手,实验发现绝大多数水军在推广少量推手的博文。

5.8　本章参考文献

[1] CHEN C, WU K, SRINIVASAN V, et al. Battling the internet water army: Detection of hidden paid posters [C]. In Proceedings of the 2013 IEEE/ACM International Conference on Advances in Social Networks Analysis and Mining, 2013: 116-120.

[2] 百度百科. 网络水军 [EB/OL]. 2015. http://baike.baidu.com/view/3098178.htm.

[3] XIANG W, ZHILIN Z, XIANG Y U, et al. Finding the Hidden Hands: A Case Study of Detecting Organized Posters and Promoters in SINA Weibo [J]. China Communications, 2015, 11.

[4] CHU Z, GIANVECCHIO S, WANG H, et al. Who is tweeting on Twitter: human, bot, or cyborg? [C] In Proceedings of the 26th annual computer security applications conference, 2010: 21-30.

[5] JINDAL N, LIU B. Opinion spam and analysis [C]. In Proceedings of the 2008 International Conference on Web Search and Data Mining, 2008: 219-230

[6] OTT M, CHOI Y, CARDIE C, et al. Finding deceptive opinion spam by any stretch of the imagination [C]. In Proceedings of the 49th Annual Meeting of

the Association for Computational Linguistics: Human Language Technologies-Volume 1, 2011: 309-319.

[7] YANG C, HARKREADER R, ZHANG J, et al. Analyzing spammers' social networks for fun and profit: a case study of cyber criminal ecosystem on twitter [C]. In Proceedings of the 21st international conference on World Wide Web, 2012: 71-80.

[8] GRIER C, THOMAS K, PAXSON V, et al. @ spam: the underground on 140 characters or less [C]. In Proceedings of the 17th ACM conference on Computer and communications security, 2010: 27-37.

[9] WANG Y. What Scale of Audience a Campaign can Reach in What Price [C]. In 2014 IEEE International Conference on Computer Communications (InfoCOM'14), 2014.

[10] GAO H, HU J, WILSON C, et al. Detecting and characterizing social spam campaigns [C]. In Proceedings of the 10th ACM SIGCOMM conference on Internet measurement, 2010, 35-47.

[11] THOMAS K, GRIER C, MA J, et al. Design and evaluation of a real-time url spam filtering service [C]. In Security and Privacy (SP), 2011 IEEE Symposium on, 2011, 447-462.

[12] DING Z, JIA Y, Zhou B, et al. Mining topical influencers based on the multi-relational network in micro-blogging sites [J]. China Communications. 2013, 10 (1): 93-104.

[13] DEAN J, GHEMAWAT S. MapReduce: simplified data processing on large clusters [J]. Communications of the ACM, 2008, 51 (1): 107-113.

[14] WHITE T. Hadoop: The definitive guide [M]. "O'Reilly Media, Inc.", 2012.

[15] AKAIKE H. Information theory and an extension of the maximum likelihood principle [M]. Springer New York, 1998, 199-213.

[16] NG A Y. Feature selection, L 1 vs. L 2 regularization, and rotational invariance [C]. In Proceedings of the twenty-first international conference on

Machine learning, 2004: 78.

[17] BENEVENUTO F, MAGNO G, RODRIGUES T, et al. Detecting spammers on twitter [C]. In Collaboration, electronic messaging, anti - abuse and spam conference (CEAS), 2010: 12.

[18] LEE K, CAVERLEE J, WEBB S. Uncovering social spammers: social honeypots + machine learning [C]. In Proceedings of the 33rd international ACM SIGIR conference on Research and development in information retrieval. 2010: 435 - 442.

[19] CHANG C C, LIN C J. LIBSVM: A library for support vector machines [J/OL]. ACM Transactions on Intelligent Systems and Technology, 2011, 2 (3): 1 - 27. http://doi.acm.org/10.1145/1961189.1961199.

[20] CHEN C, WU K, Srinivasan V, et al. Battling the internet water army: Detection of hidden paid posters [C]. In Proceedings of the 2013 IEEE/ACM International Conference on Advances in Social Networks Analysis and Mining, 2013: 116 - 120.

[21] ROSVALL M, BERGSTROM C T. Maps of random walks on complex networks reveal community structure [J]. Proceedings of the National Academy of Sciences, 2008, 105 (4): 1118 - 1123.

[22] LANCICHINETTI A, FORTUNATO S. Community detection algorithms: a comparative analysis [J]. Physical review E, 2009, 80 (5): 056117.

[23] FORTUNATO S. Community detection in graphs [J]. Physics Reports, 2010, 486 (3): 75 - 174.

[24] SALTON G, WONG A, YANG C S. A vector space model for automatic indexing [J]. Communications of the ACM, 1975, 18 (11): 613 - 620.

第6章

数据表示与分析预测发展展望

6.1 表示学习

6.1.1 良好表示学习的驱动因素

良好的表示学习能力对于机器学习和人工智能模型算法具有重要的意义，它不仅可以提高模型算法的性能和泛化能力，还可以加速模型算法的训练过程，增强模型算法的解释性，从而推动人工智能领域的发展和应用。在表示学习中，重要的驱动因素主要包括人工智能中表示学习的先验知识、平滑性和维数灾难、分布式表示、深度和抽象、因素分解以及良好的学习标准六个方面[1-3]，下面将分别进行介绍。

1. 利用人工智能中表示学习的先验知识

先验知识可以作为指导表示学习的重要依据，利用这些先验知识模型能够更好地理解数据和任务的特性，从而提高模型的性能和泛化能力。这些先验知识可以是领域专家的经验，也可以是对数据分布、任务特性和模型结构的理解。常见的利用先验知识来指导表示学习的方法包含结构化先验、稀疏性先验和局部性先验三种[4]。

（1）结构化先验是指对数据的结构和模式的先验假设。例如，在自然语言处理任务中，可以假设语言中的词汇具有一定的语义关系，如相似词在表示空间中应该有相近的表示。利用这样的结构化先验，可以设计出更好的表示学习模型，从而提高模型在语义理解、知识推理等任务中的性能。

（2）稀疏性先验假设数据表示应该是稀疏的，即大部分特征对于表示是不重要的，只有少数特征是有意义的。通过引入稀疏性先验，可以促使模型学习到更加紧凑和具有区分性的表示,从而提高模型的泛化能力和效果。

(3)局部性先验假设数据在表示空间中是局部相关的,即相似的数据在表示空间中应该具有相近的表示。通过引入局部性先验,可以设计出更适合于数据局部结构的表示学习方法,从而提高模型的鲁棒性和泛化能力。

2. 解决平滑性和维数灾难

良好表示学习方法应该能够有效地解决平滑性和维数灾难问题。学习到合适的特征表示,可以将高维数据映射到低维表示空间中,同时保持数据之间的平滑性和结构特征,从而提高模型的性能和泛化能力。

(1)平滑性指的是数据空间中相邻样本之间的变化是连续的。在高维空间中,数据样本可能非常稀疏,导致相邻样本之间的距离变得很大,从而使得样本之间的平滑性受到影响。解决平滑性问题的方法之一是通过降维技术,将高维数据映射到低维空间,从而减少数据的维度,并保持数据的平滑性。

(2)维数灾难指的是在高维空间中,数据样本之间的距离呈指数增长,导致数据变得非常稀疏,从而使得数据分布的估计和模型的训练变得困难。为了解决维数灾难问题,传统方法通常采用主成分分析(PCA)、t-SNE等降维方法,将高维数据映射到低维空间,从而减少数据的维度,并保持数据的结构特征。当前,嵌入式表示学习通常将高维空间中的数据转换为一个固定长度的表示,以减少高维数据的维数,避免维数灾难。

3. 分布式表示

分布式表示是表示学习中的一种有效方法,可以捕获数据之间的复杂关系和语义信息,从而更好地解决现实世界中的问题。分布式表示是指将数据的不同特征以分散的方式表示在表示空间中,而不是集中在少数几个维度上[5]。分布式表示的优势在于它能够更好地捕捉数据的复杂结构和语义信息,并且具有更好的泛化能力。在良好的表示学习中,分布式表示起着至关重要的作用,因为它能够有效地表示数据中的各种特征和模式。通过学习分布式表示,模型能够将数据中的关键特征分散地表示在表示空间中,从而提高模型对数据的表达能力和泛化能力。

4. 深度与抽象

深度与抽象在表示学习中起着重要作用。通过深度学习,可以构建具有多层次特征提取和抽象能力的模型，从而学习到更具表达能力的特征表示，进而提高模型在各种任务中的性能和泛化能力。深度指的是模型的层次结构，即由多个隐含层组成的神经网络。深度神经网络能够从数据中逐层提取特征，每一层都对数据进行不同层次的抽象和表征。通过增加网络的深度，模型能够学习到更加复杂和抽象的特征，从而提高模型的表达能力和泛化能力。抽象是指模型学习到的特征表示具有的一种高级表达能力。通过深度学习，模型可以将原始数据转化为更加抽象的表示形式，这些表示能够捕捉到数据中的重要特征和模式，而不受具体数据细节的干扰。这种抽象表示能够帮助模型更好地理解数据的内在结构，从而提高模型在各种任务上的性能。

5. 理清不同因素

良好的表示学习需要深入理解复杂数据中不同因素的相互作用。通过深入理解这些相互作用，可以更好地捕捉数据中的关键因素，并学习到更具有鲁棒性的表示。良好的表示学习方法应该能够利用大量未标记的示例来学习数据中的关键特征和结构，从而提高模型的性能和泛化能力。此外，表示学习的特征集通常用于多个任务。如果需要进行降维处理，应该采取最大化信息保留的策略。例如，可以首先删除训练数据中最不容易表示的局部变化方向，例如通过 PCA 等方法在全局范围内进行修剪，而不是围绕每个样本进行修剪。这样可以确保降维过程中尽量保留重要的信息，从而得到更具有鲁棒性的表示。

6. 好的表示学习标准

在进行表示学习时，需要设计好的表示学习标准来评估学习到的表示的质量和有效性。这些标准可以包括重建误差、分类准确率、生成样本质量等。通过设计合适的表示学习标准，可以有效地指导学习过程，并评估学到的表示的有效性和可用性。好的表示学习能够解开数据中潜在的变化因素，但将其转化为合理的训练标准是重要的问题。具体来说，好的表示学习标准主要由三个方面组成，分别是分布式、不变性与分离性[6]。

（1）分布式（distributed）

好的表示学习应该产生分布式的表示，这意味着不同的特征应该在表示空间中被广泛分布，而不是集中在少数几个维度上。这样的表示能够更好地捕捉数据的复杂结构和语义信息,并且具有更好的泛化能力。

(2)不变性(invariant)

好的表示学习应该具有一定程度的不变性,即对于输入数据的局部变化具有稳定的响应。这意味着在表示学习过程中,模型应该学习到与数据中的变化无关的特征,从而使得表示更加鲁棒和可靠。

(3)分离性(disentangle)

好的表示学习应该能够将输入数据中的不同因素分离开来,即学习到的表示应该能够减少因素之间的互相影响。这样的表示能够更好地理解数据的生成过程和结构,提高模型的可解释性和可控性。

6.1.2 表示学习方法的发展展望

随着通用人工智能(artificial general intelligence, AGI)的迅速发展,我们面临着一个核心挑战:如何使计算机系统能够理解和处理复杂的数据。表示学习成为解决这一问题至关重要的技术,它致力于从原始数据中提取有意义的特征,并将其转化为可供计算机处理的形式。表示学习的发展不仅推动了机器学习和人工智能领域的进步,还深刻地改变了对数据的理解和处理方式。在本小节中,将展望表示学习方法的未来发展情况,探索其在解决现实问题和推动人工智能发展中的重要作用。

1. 对比表示学习(contrastive representation learning)

(1)对比方法学习什么样的表示

多名学者开展了对比表示学习预训练方法在视觉表示方面的研究[7-9],然而模型从对比方法中学习了什么表示,以及为什么它比监督预训练更好?从对比表示学习框架的角度看,实例判别任务所学习到的不变特征和协变特征在很大程度上取决于样本增强技术。要理解样本增强技术对表示的影响,需要考虑应用样本增强技术时数据集产生的偏差。例如,在 ImageNet 数据集中,通过对中心单目标图像进行裁剪来促进模型实现对遮挡性的判别,因此依赖于这种"过拟合"增强数据集训练的模型在很大程度上取决于这种特性。然而,将这种增强方法直接应用于包含更多样化场景的不同数据集可能会导致表示出现偏差行为。为了成功地将对比学习迁移至其他数据集和问题,需要深入了解数据中表示的偏差，以及背后正负样本产生原理的细微差别。

（2）对比损失是否需要负样本

对比学习方法的性能多受益于与多个负样本的比较，这需要在大型GPU集群上进行训练，并花费更长的训练时间。缓解这个问题的一种方法是利用内存技巧，例如采用动量编码器技术，这种技术可以引入更多的负样本，并且不受硬件内存的限制。根据Grill等人[10]的假设，负样本的存在是为了防止表示空间坍缩为一个单一的集群。另一种方法是去除负样本，并对嵌入空间施加额外的约束以防止坍缩的形成。

除了数量外，负样本的质量常常被忽视，更加谨慎地选择负样本已经被证明可以提高学习嵌入在下游任务上的收敛速度和性能，这与硬负样本和正样本挖掘技术一致。其中，硬负样本指与正样本相比更加难以区分的负样本，通常位于决策边界附近，使得模型更难以正确分类。正样本挖掘技术由于能够有效增强模型对相似样本的识别能力，在许多度量学习应用中已成为标准组成部分。因此，在对比损失中使用负样本的质量与数量之间，需要进行权衡和选择。是否可能设计一种合理的对比损失，在学习的早期阶段使用架构约束，并在后期使用高效的负样本来学习更精细的表示，这是在未来的研究中需要解决的问题。

2. 图表示学习（graph representation learning）

图表示学习是一个备受关注的话题。将图数据转换为映射至低维空间以保存重要特征信息是一种有效的方法[10,11]。借助高效的图嵌入技术，图表示学习可以使研究人员更深入地理解数据。本小节将讨论图表示学习未来的可能研究方向。

（1）深度图嵌入

图卷积神经网络（graph convolutional network，GCN）[12]及其自适应变体[13]因其良好的性能而受到众多关注。然而，图卷积层的数量通常不超过两层。当级联的图卷积层越多时，性能会显著下降。但由于每一层GCN通常只学习一条信息，这导致浅层GCN结构很难学习全局信息。解决这个问题的一种方法是在空间域中进行卷积。例如，可以将图数据转换为网格结构数据，然后使用多个CNN（convolutional neural networks）层来学习图表示。解决该问题的另一种方法是在下采样过程中合并相似节点,通过图粗化的思想来构建深度 GCN[14-16]。具体而言,通过合并相似的节点来生成一个新的、更小的图,从而能够在更低的计算成本下进行有效的图表示学习和图操作。然后通过构建一个分层的网络结构以实现局部和全局图数据的学习。

(2) 动态图嵌入

动态图嵌入[17]指的是将不断演化的图结构嵌入连续的向量空间中,同时保留图的时序动态性。由于动态图嵌入在各种实际应用中具有重要意义,例如社交网络和金融交易网络等,其中的图结构会随时间演化。动态图嵌入技术旨在捕获图的时序依赖性和结构变化,从而实现对图的整体特征的提取和表示学习。学习动态图的嵌入是一个重要的研究课题,可应用于实时交互的过程中,如城市交通时段的最优出行路径规划。其中,超图是建模图的动态演化特性的一种良好的选择。将时间序列嵌入每个节点也可以很有用,例如,可以在每个节点上加入长短期记忆网络(long-short-term memory,LSTM)来捕捉图的变化。

(3) 图嵌入的可扩展性

图嵌入的可扩展性是指在处理大规模图时,图嵌入方法需要具备能够有效处理大量节点和边的能力。随着现实世界中图数据规模的不断增长,图嵌入方法必须具有良好的可扩展性,以便在大规模数据集上进行高效学习和推理[18]。随着社交网络的快速增长,图的规模不断扩大,图中可能包含数以十亿计的节点和边。如何高效、准确地嵌入海量图数据仍然是一个开放问题。深度神经网络模型具有良好的性能,然而这些模型存在训练效率低的问题,它们需要依赖大量 GPU 算力来寻找最优参数。目前处理大规模图需要更好的范式,一种是使用前馈机器学习设计来处理没有尚未进行反向传播的图数据,另一种则是使用更好的图粗化或分区方法来预处理数据。其中,图粗化方法使用节点特征的相似性或节点间的距离来度量节点的相似性,将相似的节点合并成一个新的超级节点,从而生成一个新的、较小的图。分区方法的核心思想是将原始大规模图划分成若干子图,使得每个子图包含的节点和边较少,从而在每个子图上进行计算时,复杂度显著降低。图粗化方法保留了原图的全局结构特征,分区方法保持了子图间的平衡和减少边界切割。

第6章 数据表示与分析预测发展展望

(4)图嵌入的可解释性

图嵌入的可解释性指的是对图数据表示的理解和解释能力。在图嵌入中，通常会将图中的节点或边映射到低维向量空间中，以便于后续的数据分析和应用。可解释性是指这些低维向量能够直观地反映出原始图数据的特征和结构，使得用户能够理解和解释这些图数据表示所蕴含的信息。众多图嵌入方法都建立在卷积神经网络 CNN 上，用反向传播机制训练以确定其模型参数。然而，CNN 在数学上是难以处理的。最近，一些工作试图解释神经网络模型的可解释性，并取得了一定的进展[19,20]。Kuo 等人试图使用前馈设计来解释 CNN，通过采用以前馈数据为中心的方法，在经过统计前一层输出的数据得到当前层的网络参数，证明了将前馈机器学习方法应用于图嵌入任务是有价值的[21]。作为高级神经网络架构的替代方案的可解释设计，可以为当前与图嵌入相关的机器学习研究提供启发。

3. 因果表示学习

尽管深度学习在近十年来极大地推动了机器学习的发展，但是仍有许多问题亟待解决，例如将知识迁移到新问题上的能力。许多关键问题都可以归结为分布外泛化(out-of-distribution，OOD)问题。因为统计学习模型需要独立同分布假设，若测试数据与训练数据来自不同的分布，统计学习模型往往会出错。然而在很多情况下，该假设可能是不成立的。因果表示所研究的是如何学习一个可以在不同分布下工作、蕴含因果机制的因果模型(causal model)，并使用因果模型进行干预或反事实推断。因果表示学习是针对上述问题的新兴研究领域，旨在通过学习数据背后的因果结构来获取更加深层次和可解释的表示。与传统的关联性表示学习不同，因果表示学习强调数据中的因果关系，试图识别出变量之间的因果关系，并将这些因果关系纳入表示学习过程中[6,22]。因果表示学习的目标是使学习到的表示能够反映出数据中的因果结构，从而能够更好地理解和解释数据的生成过程，提高模型的泛化能力和鲁棒性。

因果表示学习的研究主要集中在以下几个方面：大规模非线性因果关系学习、学习因果变量、理解现有深度学习方法的偏差、学习因果正确的世界和主题模型[23]。其中，因果正确指的是模型或表示能够准确地反映和描述系统或现象中的因果关系,不仅关注变量之间的相关性,更重要的是理解和表示变量之间的因果关系。通过这些对这几方面的分析讨论,将深入了解因果表示学习的重要性和潜在应用,以及未来可能的发展方向。

(1)大规模非线性因果关系学习

尽管许多现实世界的数据都是非结构化的,但在某些情况下,可以通过干预措施来得到观察效果,例如通过跨多个环境的分层数据搜集。现代机器学习方法的逼近能力可能被证明对大量变量之间的非线性因果关系建模是有用的。在实际应用中,经典工具不仅限于通常的线性假设,而且其可扩展性也受到限制。元学习和多任务学习的范式接近因果建模的假设和要求,未来的工作应考虑:①在何种条件下可以学习非线性因果关系;②哪些训练框架可以最好地利用机器学习方法的可扩展性;③提供令人信服的证据,表明在现实世界任务中因果模块在泛化、再利用和迁移方面比非因果统计表示更有优势。

(2)学习因果变量

学习因果变量的目的是理解和建模不同变量之间的因果关系,而不仅仅是它们的相关性。传统的因果推断方法通常依赖于预设的模型结构和线性假设,但这些方法在面对复杂的非线性关系和高维数据时显得力不从心。通过利用现代机器学习技术,特别是深度学习和多任务学习,可以更有效地捕捉数据中的非线性因果关系。然而,挑战依然存在,例如如何确保因果变量学习的可解释性和稳健性。未来的发展方向可能包括:①开发更强大的因果发现算法,能够在复杂的高维数据中准确识别因果关系;②设计新的训练框架,能够更好地利用跨领域的数据信息,实现因果模型的泛化和迁移;③探索如何在实际应用中验证因果模型的有效性和可靠性,以确保其在不同任务中的普适性和实用性。

(3)理解现有深度学习方法的偏差

尽管现代深度学习方法在处理大规模数据集和提高预测的鲁棒性方面取得了显著进展,但其模型的偏差仍然存在挑战。特别是在处理新的任务时,不同的技巧和预训练策略的选择可能会导致模型在因果推断方面存在偏差。因此,了解现有深度学习方法的偏差以及在哪些条件下它们可能不适用是至关重要的。我们希望通过探索现有方法、训练策略和数据集，建立对归纳偏差的分类，特别是研究预训练模型如何设计及选择能够从因果意义上积极影响模型迁移和下游应用的鲁棒性这一问题，具有重要意义的。

(4) 学习因果正确的世界和主体模型

学习因果正确的世界和主体模型指的是构建和训练能够准确反映现实世界因果关系的机器学习模型。这些模型不仅关注变量之间的相关性，更重要的是理解和表示变量之间的因果关系。在许多现实世界的强化学习环境中，抽象的状态表示是不可用的，由于缺乏对变量间因果关系的理解，在处理新任务或变化的环境时，往往表现不佳。因此，需要开发能够准确识别和利用因果结构的模型，通过引入因果推理的概念，使模型能够识别并利用因果结构，从而在面对新的任务和环境时，能够进行更准确的预测和决策。这不仅便于理解变量之间的因果关系，还能在需要时进行因果干预，提升模型在实际应用中的性能和可靠性。

未来，因果表示学习有望在许多领域取得重大进展。随着对因果关系理解的深入和因果推断方法的发展，我们可以期待因果表示学习方法在各种机器学习任务中发挥更加重要的作用，为解决复杂现实世界中的问题提供新的思路和方法。

6.2　数据分析与预测

6.2.1　数据科学发展展望

1. 数据科学的内涵

数据科学是一个跨学科的研究领域，它综合运用统计学、应用数学、模式识别、机器学习、数据可视化、数据仓库以及高性能计算等多学科知识，从潜在的包含噪声的结构化、非结构化和半结构数据中提取或推断出知识[24]。20 世纪 60 年代，彼得·诺尔提出了"数据科学"的概念，并以此来替代计算机科学。数据科学专注于从大数据集中提取知识，并应用这些数据中的知识来解决应用中存在的问题，包括为分析准备数据、制定数据科学问题、分析数据、开发数据驱动的解决方案、提供决策支持信息等。

数据科学可以从以下四个方面进行描述：一门科学、一种研究范式、一种研究方法和一种工作流程。单一的视角无法捕捉数据科学的多样性本质。

(1) 一门科学。实证科学一直与数据有关。开普勒利用第谷·布拉赫搜集的行星运动数据来证明哥白尼的太阳系理论。开普勒是第一位从原始数据中寻找模式和模型的数据科学家吗？虽然开普勒利用数据获得洞察力，但今天的数据科学不仅仅是一门经验科学。也就是说，数据科学将数据本身视为一种自然资源，并处理从数据中提取价值的方法。科学侧重于理解世界、开发工具和利用方法来进行研究，而数据科学侧重于使用理解数据和开发工具的方法来进行数据研究。

(2) 一种研究范式。数据科学还引入了一种新的科学范式。几千年前建立的第一个科学范式是经验科学，科学家用它来描述自然现象。几百年前应用的第二种科学范式是理论范式，科学家在理论范式中建立自然模型。第三种科学范式是几十年前才被引入的计算范式，其中科学家使用算法和计算机模拟复杂的现象。根据格雷的说法，第四个科学范式是数据探索，数据先被捕获或模拟，然后由科学家分析以推断新的科学知识。继格雷之后，美国国家标准与技术研究所（NIST）声称数据科学是第四范式的当前演变，并将数据科学描述为"作为经验科学的数据分析行为，直接从数据本身学习"。这样就可以采取的形式是搜集数据，然后进行没有先入为主假设的开放式分析（有时称为发现或数据探索）。事实上，这种观点将数据科学视为扎根理论范式在定量研究中的应用。

(3) 一种研究方法。数据科学集成了统计学和计算机科学的研究工具和方法，可用于在各种应用领域进行研究，如社会科学和数字人文科学。药物发现是一个展示机器学习如何作为一种研究方法应用的领域，包括靶标验证、预后生物标志物的识别和临床试验中数字病理数据的分析。另一个例子是机器学习方法在社会科学研究中的应用。在这类研究中，复杂的人为数据，如社交网络上的帖子，被用来描绘社会现象。Grimmer等人回顾了目前机器学习在社会科学研究中的应用，并指出："将机器学习纳入社会科学，不仅需要我们重新思考机器学习方法的应用，还需要我们重新思考社会科学中的最佳实

第 6 章　数据表示与分析预测发展展望

践。机器学习用于发现新概念，测量这些概念的流行程度，评估因果关系，并做出预测。丰富的数据和资源有助于将研究过程从演绎社会科学转向更有序、更互动、最终更归纳的推理方法。"可以看出，在这种情况下，数据科学被视为一种将研究过程从演绎转变为归纳的研究方法，这与这里提出的数据科学作为研究范式的观点一致。

（4）一种工作流程。2015 年美国国家科学基金会（NSF）的报告总结了 NSF 赞助的数据科学教育研讨会内容，介绍了一个数据科学的定义，反映了数据科学作为工作流的观点："数据科学是一个过程，包括搜集、清理、组织、分析、解释和可视化原始数据所代表的事实的所有方面。"数据科学通常表现为一个迭代的工作流，用于从数据中生成价值和数据驱动的操作，数据科学思维图如图 6.1 所示。

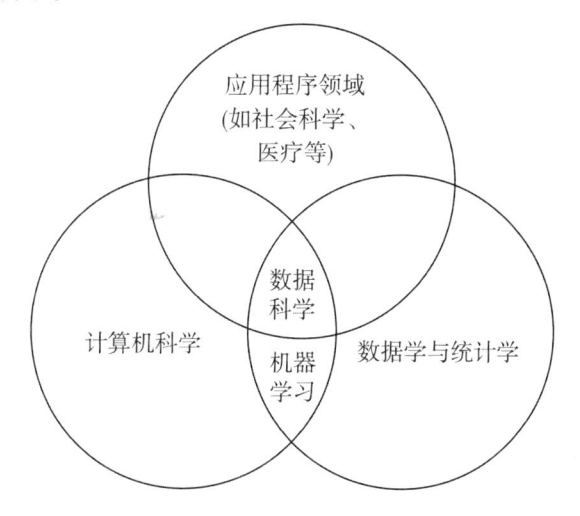

图 6.1　数据科学维恩图

2. 数据科学面临的挑战

解决数据科学面临的挑战对于任何数据驱动项目的成功都至关重要。下面是对每个挑战的详细说明[25]。

（1）数据质量：数据质量差可能导致分析不准确和结果误导。问题包括缺少值、数据格式不一致和数据输入不正确。确保数据质量需要严格的数据验证和清理过程。

（2）多个数据源：由于数据格式、结构和更新频率不同，集成来自不同数据源的数据通常会出现兼容性问题。有效的数据集成需要强大的数据仓库和数据集成工具。

（3）数据安全：保护数据免受未经授权的访问和破坏至关重要，特别是在网络攻击日益频繁的情况下。实现强加密、访问控制和定期安全审计是关键策略。

（4）数据隐私：必须确保个人数据的处理符合隐私法律法规（如 GDPR 和 CCPA）。数据隐私涉及匿名化个人数据、获得同意以及保持数据主体的透明度。

（5）数据清理：这涉及删除或更正错误、不完整或不相关的数据。数据清理对于保持数据分析的准确性和效率至关重要。

（6）数据收集：为特定的业务需求搜集系统的、可扩展的和相关的数据可能具有挑战性，它需要明确的数据采集策略和工具。

（7）未定义的 KPI（关键绩效指标）和关键业务指标：如果没有明确的 KPI 和关键业务指标，分析业务活动的成功或失败可能是无效的。明确定义这些指标对于有重点和有意义的分析至关重要。

（8）确定业务问题：确定要用数据科学解决的正确问题可能很困难。它需要深入了解业务领域及其挑战。

（9）效率：优化算法和数据处理以高效地处理大量数据是数据科学中的一个持续挑战。可以通过更好的硬件、优化算法或利用云计算资源来提高效率。

（10）识别数据问题：理解解决数据问题可能是一个挑战，特别是在复杂系统中，正确地构建问题通常需要跨学科的专业知识。

（11）数据可视化：将复杂数据集清晰而有效地可视化表示有助于使数据易于理解。这需要具备可视化工具的技术技能和良好的设计意识。

（12）算法偏差：数据科学算法中的偏差可能导致不公平的结果或决策。识别、测量和纠正数据搜集、算法设计和模型训练过程中的偏差非常重要。

3. 数据科学的发展趋势

在持续的技术进步、不断增长的数据可用性以及对数据驱动决策的不断增长的业务需求的推动下，数据科学的未来充满希望，前景广阔。以下是可能影响数据科学未来发展[26]的几个关键因素。

第6章　数据表示与分析预测发展展望

(1) 与人工智能和机器学习的融合

随着人工智能(AI)和机器学习(ML)的发展，它们与数据科学的融合将更加深入。这将使其具有更复杂的分析和预测能力，自动化复杂的过程，并在规模上做出更准确的预测。传统模型中，改善人工数据集的偏差/方差是一个不断重复试验、正则化的过程，甚至需要架构新的模型。而深度学习所具有的规模优势、具备的端对端学习能力已经改变了这一过程：如果模型不够好，总会有一条"出路"——增加数据量或者把模型做得更大，有更好的工具减少误差。因此，深度学习将继续革新数据科学的能力，特别是在图像和语音识别、自然语言处理和异常检测等领域。这将提高模式识别和决策过程的自动化程度，以便更加准确地做出预测、实时自动处理事务，这正是数据科学与机器学习所具有的、在某种程度上类似的目标。

(2) 量子计算

量子计算是指使用诸如叠加和纠缠等量子现象进行计算，着重于开发基于量子理论原理的计算机技术。不同于传统计算机，量子计算使用量子比特(qubit)，这使其能够以指数速度处理大量数据，同时消耗的能量更少。从数据模型的创建者和消费者的角度来看，量子计算提供的数据规模、计算能力和输出优化，可以应对更复杂的算法并更快得到结果。理解与量子计算相关的数学概念可能有助于调整数据模型与计算处理。总之，量子计算的出现有望在处理能力方面取得重大突破，这将彻底改变大数据的处理和分析方式。这可以比当前的计算方法更快地解决复杂问题，将大大拓展数据科学的应用领域与技术手段，催生出更多创新的数据算法与商业应用。

(3) 边缘计算

随着物联网设备的激增，传统数据处理方式中的云计算平台面临着网络时延高、海量设备接入、海量数据处理难、带宽不够和功耗过高等挑战，边缘计算将变得更加重要。边缘计算技术是在靠近物或数据源头的网络边缘侧，通过融合网络、计算、存储、应用核心能力的分布式开放平台，就近提供边缘智能服务，即数据将由设备或本地计算机/服务器处理，从而最大限度地缩短数据从源传输到处理中心再传输回来的时间，可以减少延迟，提高实时应用程序的洞察力和响应速度；减少将数据发送回中央服务器进行处理的需求，可以优化带宽；可以在本地处理敏感信息，降低数据泄露的风险，增强隐私和安全性；边缘的数据科学算法可以检测潜在问题的异常和模式，有助于预测性维护，减少停机时间并优化设备。

(4) 道德和负责任的人工智能

市场研究表明，到 2025 年，我们将创建和消耗超过 180 ZB 的数据[27]，这在提供前所未有的个人数据访问级别的同时，也引发了有关数据隐私和用户保护的更广泛问题，如数据所有权、知情同意、知识产权、数据隐私等。人们将越来越关注道德问题以及人工智能和数据科学的负责任使用问题。道德人工智能是指以公平、透明和负责任的方式使用人工智能，而微软已开发的负责任的 AI 工具(responsible AI toolbox)更直观地表明对隐私、安全、公平和透明度的关注。道德和负责任的人工智能将成为数据科学的必要护栏，最大限度地减少数据驱动行为的潜在危害和意外后果，同时组织必须采用道德准则和实践，以确保其数据科学计划不会无意中造成损害或偏见。

(5) 自动化和增强分析

自动化和增强分析通过自动化机器学习(AutoML)、机器人流程自动化(RPA)等技术实现的数据科学自动化有望增长。这些工具可以自动分析数据并生成见解，而无须人工干预，通过从数据中提取准确信息、使用数据预测用户行为、提取可衡量的见解等，实现改进早期流程、缩短流程周期、节省成本和提高吞吐能力。以 AutoML 为例，AutoML 简化并自动化了应用机器学习模型的过程，其本质上是 ML 加上自动化以及对现实生活问题的应用。通过这种方式，非专家可以更加容易且更加高效地使用它，也就是使用者将不再局限于机器学习的专业人士，从而导致数据科学的"平民化"。随着数据科学的发展，未来可能出现更多通用平台，实现数据科学系统的所有方面自动集成。

(6) 关注数据治理和质量

随着数据的重要性日益增加，我们将更加重视数据治理和质量管理。由于业务更加依赖于数据驱动的决策，因此确保高质量、准确和可靠的数据至关重要。按照国际数据管理协会《数据管理知识手册》的规定，数据质量"既指与数据有关的特征，也指用于衡量或改进数据质量的过程"。有效的数据治理

第 6 章　数据表示与分析预测发展展望

在降低运营成本、提升处理效率、改善数据质量、控制数据风险、增强数据安全、赋能管理决策等方面的价值不言而喻。高质量的数据有利于提升应用集成的效率和质量，提高数据分析的可信度和决策水平，可以更好地保证数据的安全防护、敏感数据保护和数据的合规使用。

6.2.2　机器学习与人工智能发展的展望

人工智能(AI)是一种使计算机和机器表现出智能和类似人类思维的能力的技术和方法论。从 20 世纪 50 年代人们开始研究人工智能至今，AI 已历经了两代更新和三次浪潮，其发展历程如图 6.2 所示。

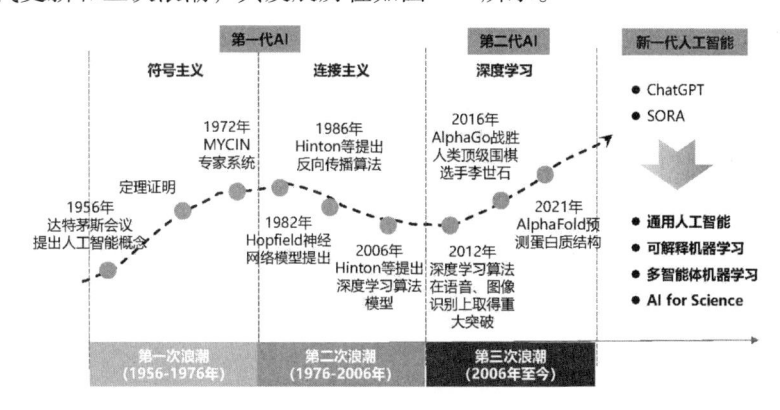

图 6.2　人工智能的发展历程

1956 年，人工智能之父约翰·麦卡锡在美国达特茅斯学院会议上首次提出了"人工智能"的概念，"让机器来模仿人类学习以及其他方面的智能"成为人工智能要实现的根本目标。人工智能概念提出后，相继取得了一批令人瞩目的研究成果，比如，机器定理证明、跳棋程序等，掀起了人工智能发展的第一次浪潮。继 1965 年第一个专家系统 DENDRAL 研发成功以来，陆续出现了 MYCIN、PROSPECTOR、R1 等专家系统，开启了专家系统研发的黄金时期。

1982 年，John Hopfield 提出 Hopfield 网络模型，标志着第一代 AI 进入了"连接主义时代"，人工智能也随之迎来第二次浪潮。1986 年，Geoffrey Hinton 等人提出反向传播算法(back propagation)，为深度学习和人工智能发展奠定基础；2006 年，Hinton 在其发表的 *A fast learning algorithm for deep belief nets* 论文中，展示了具有许多隐藏层的深层信念网络如何生成一个能识别出手写数字且表现良好的模型。该算法模型提出后，深度学习开始快速发展。

随后，人工智能演化为第二代人工智能，开启人工智能发展的第三次浪潮。2012年，Hinton等人提出了深度学习中一种新的神经网络结构——卷积神经网络，并在ImageNet图像识别竞赛中获得了显著的成果，推动了计算机视觉和深度学习的发展；2016年，基于深度学习的AlphaGo战胜围棋世界冠军李世石，到2021年，AlphaFoldd2高精度破译了几乎所有人类蛋白结构。

2022年至今，以新一代人工智能（通用人工智能）ChatGPT的诞生及普及为标志的人工智能迈入4.0时代，进入暴发式的浪潮。2022年年底，美国开放人工智能研究中心（OpenAI）的大模型ChatGPT正式问世，并在2023年引领全球"大模型热"；2024年2月16日，OpenAI发布首个视频生成模型Sora，该模型通过接收文本指令，即可生成60秒的短视频。

综上所述，人工智能的发展历史是不断追求突破和创新的过程。从符号主义到连接主义到深度学习，再到新一代AI，人工智能正在逐渐从"人工"转向"智能"，更多地模拟和扩展人类的思维、感知和创造力。随着数据的增多和算法的改进，新一代人工智能的应用领域将会持续拓展，为人类带来更多的便利和可能性。

总的来说，未来机器学习和人工智能的发展有如下四个方向。

1. 通用人工智能

通用人工智能，即AGI（artificial general intelligence），是指一种能够像人类一样在各种不同的任务和领域中展现出智能行为的人工智能系统。通用人工智能具有能完成多任务、能自主定义新任务和价值驱动三大特征，即能随时应对新情况和新任务、进入新环境后能自主判断需要进行的任务，且这些行为都是受自我价值体系驱动，而不是由数据或知识驱动[28]。

通用人工智能与传统人工智能系统的主要区别在于能力和范围，通用人工智能旨在拥有像人类一样的智能水平，能够像人类一样适应新任务、学习新概念、推理、解决问题。通用人工智能比传统人工智能的使用范围更加广泛，具有更高的灵活性和通用性，能够适应各种不同的情境和任务，并在不同领域中展现出智能行为。认知架构的完备性和测试环境的完备性是判断某一人工智能是否属于通用人工智能的重要依据。

第6章　数据表示与分析预测发展展望

大模型作为人工智能迈向通用人工智能的里程碑技术，历经了三个发展阶段：首先是萌芽阶段，即1950—2005年以CNN为代表的传统神经网络模型阶段；其次是沉淀积累阶段，即2006—2019年以Transformer为代表的全新神经网络模型阶段；最后是2020年至今的快速发展阶段，即以GPT为代表的预训练大模型阶段。

大模型技术引起机器学习范式的一系列重要革新，为通用人工智能发展提供了一种新的手段。从单一模态的语言大模型到语言、视觉、听觉等多模态大模型，大模型技术融合多种模态信息，实现多模态感知与统一表示，也将和知识图谱、搜索引擎、博弈对抗、脑认知等技术融合发展，相互促进，朝着更高智能水平和更加通用性的方向发展①。AI大模型技术，成为目前通向AGI的最佳实现方式。以2022年出现的ChatGPT为例，其最大贡献在于基本实现了理想LLM的接口层，能够使LLM自主适配人的习惯命令表达方式，并给出了相应解决方案，该方案较之前的few shot prompting方案更符合人类表达习惯。这充分表明，数据规模和参数规模的有机提升，让大模型拥有了不断学习和成长的基因，开始具备涌现能力（emergent ability），逐渐拉开通用人工智能（AGI）的发展序幕②。但我们也应认识到，人类与环境交互和认知社会的途径，绝不仅仅是通过文本，还需要综合听觉、视觉、触觉等多种感官信息。因此，大模型融入更多的模态信息在理论上是必然的趋势。此外，大模型的训练和应用的过程还需要能够同物理世界以及人类社会进行交互，这样才能真正理解现实世界中的各种概念，从而实现真正的通用人工智能[29]。

通用人工智能加速走进现实，将带动大规模产业升级和劳动力转移，提高社会生产力水平，成为撬动产业转型的杠杆、引领转型方向的船舵和提供转型动力的引擎。一方面，通用人工智能作为一项关键技术，能够广泛应用于社会生产的各个领域，最大程度地提高社会生产效率，降低生产成本。比如：在制造、电力领域，通用人工智能可以推动工业智能化转型升级，提高各环节设备产品性能，增强行业竞争力；在医药、新材料研发领域，通用人

---

① 该观点来源于中国人工智能学会《中国人工智能系列白皮书——大模型技术（2023版）》。
② 该观点来源于弗若斯特沙利文（Frost & Sullivan）《AI大模型市场研究报告（2023）——迈向通用人工智能，大模型拉开新时代序幕》。

工智能可以实现对各类资源的跨越式整合，从而提升研发效率、降低研发成本，缩短科研周期。另一方面，通用人工智能属于新兴产业，以虚拟数字人、虚拟主播、写作机器人等为代表的新业态、新应用进一步丰富了社会经济产业形式，创造了新的市场需求和就业机会，为经济高质量发展提供新的增长点。

2. 可解释机器学习

当机器学习(ML)模型用于产品、决策过程或研究时，可解释性通常是一个重要的因素[30]，因为可解释性机器学习(interpretable machine learning, IML)可用于发现知识、调试或证明模型及其预测的合理性，以及控制和改进模型[31]。可解释机器学习是指使我们能够理解机器学习系统的行为和预测的方法和模型[32]，即模型能够给出每一个预测结果的决策依据。对于机器学习/深度学习模型，可解释性主要体现在三个方面：一是对于使用者来说，帮助其理解模型为什么做出某个决策或提出某个建议；二是对于受到深度学习模型影响的人来说，帮助其理解深度学习模型做的某个决定；三是对于开发者来说，理解"黑盒子"，可以通过提供更好的学习数据，改善方法和模型，提高系统能力，同时提高深度学习模型的可解释性和透明度，将有助于调整优化模型，引导未来数据搜集方向，为特征构建和人类决策提供真正可靠的信息支持，最终在人与模型之间建立信任。

关于可解释性的重要意义，Lipton[33]指出："可解释的深度学习模型做出的决策往往可以获得更多的信任，甚至当训练的模型与实际情况发生分歧时，人们仍可对其保持信任。"具体表现在：可解释性可以帮助人们理解深度学习系统的特性，推断系统内部的变量关系；帮助深度学习模型轻松应对样本分布不一致性问题，实现模型的迁移学习；即使没有阐明模型的内部运作过程，也可为决策者提供判断依据。同时认为构建的可解释深度学习模型至少应包含"透明性"和"因果关联性"的特点。

根据可解释性的解释范围，可解释可分为全局可解释和局部可解释[32]。全局可解释是基于整个数据集中的因变量和预测变量之间的关系来理解模型的决策，即建立模型的输入和输出之间的关系。局部可解释是对单个数据点的决策进行解释，通常只需关注该数据点和该点周围特征空间中的局部子区域，并尝试基于该局部区域理解该点的模型决策。局部可解释和全局可解释通常结合使用，共同解释深度模型的决策结果。

已有的可解释性方法大致可以分为以下三类[34]：第一类是基于可视化系统 CNNVis、可视化工具 Lucid 等工具的模型内部可视化方法；第二类是以 LIME、CAM&Grad-CAM、特征图表征等为典型的特征统计分析方法；第三类是以线性模型、决策树模型等为代表的可解释模型。

机器学习可解释性研究从起源发展至今，虽仅短短数年，但已经历起源、探索、建构三个阶段[35]。研究起源于 1991 年 Garson[36] 提出的基于统计结果的敏感性分析方法，从机器学习模型的结果对模型进行分析，试图得到模型的可解释性。这一提法启迪了后来研究者的思路，自此，机器学习可解释性研究进入了探索期，从实验和理论两方面进行研究。在实验研究方面，主要包括深度学习模型内部隐层可视化和敏感性分析等实验，如 2014 年 Zeiler 等人[37] 提出的 CNN 隐层可视化技术、2017 年 Koh 等人[38] 通过影响力函数来理解深度学习黑盒模型的预测效果；在理论探索方面，2018 年 Lipton[39] 首次从可信任性、因果关联性、迁移学习性、信息提供性这四个方面分析了深度学习模型中可解释性的内涵。这一阶段的成果丰富，但基于黑盒模型进行解释始终存在解释结果精度不高、计算机语言难以理解等局限，构建可解释性模型成为新的研究方向，进入可解释性模型构建期。从 2012 年起，人们开始尝试引入知识信息以构建可解释的深度模型，如 Hipton 等人提出的胶囊网络模型（CapsNet）、Hu 等人[40] 提出的 teacher-network 网络等。

随着可解释性方法的不断提出和可解释性模型的建立，可解释性机器学习已逐渐应用到医疗诊断、金融监管、模型诊断、推荐系统、社会安全、自动汽车驾驶[41] 等领域。如在医疗领域，将深度学习技术和可解释性结合起来，用于辅助医生进行临床诊断；在金融领域，银行监管部门可依据具有可解释性的神经网络来预测银行是否有破产的可能；在模型诊断方面，当模型表现不佳或给出错误决策时，开发者可以用来分析和调试模型的错误行为[42]；在推荐系统方面，基于推荐系统的解释结果，我们可以有依据地选择更明智、更准确的推荐结果，从而提高用户对该推荐系统的信任程度[34]；在社会安全方面，可解释深度学习应用于犯罪风险评估，可根据罪犯的受教育程度、前科、年龄、种族等一系列参数判断再次犯罪的概率，对社会管理起到协助作用[35]。

3. 多智能体机器学习

多智能体机器学习是指在一个共享环境中，多个智能体（agents）相互作用并学习如何进行决策以实现某种目标的过程。在多智能体机器学习中，每个智能体都可以独立地做出决策，并且智能体可以通过观察环境中其他智能体的行为和状态来调整自己的策略，并根据环境的反馈来优化自己的决策。这种相互作用和学习的过程可以帮助智能体实现更高效的决策和更好的合作，从而提高整个系统的性能。多智能体机器学习涉及博弈论、协作学习、强化学习等技术，旨在让多个智能体共同合作或竞争，以完成共同的任务或优化各自的收益。

多智能体机器学习的发展经历了早期阶段、协作与博弈理论阶段、分布式学习和合作学习阶段、深度多智能体学习阶段等发展阶段。

（1）早期阶段：在早期阶段，研究人员主要关注单一智能体的机器学习和决策问题，例如监督学习、强化学习等。这些模型可以在独立且隔离的环境中进行学习和优化，但无法考虑其与其他智能体之间的相互作用。

（2）协作与博弈理论：随着对多智能体系统的兴趣逐渐增加，研究人员开始将博弈论和协作理论引入机器学习领域，以研究多智能体系统中的合作、竞争和博弈等情况。

（3）分布式学习和合作学习：研究人员开始探索如何让多个智能体在分布式环境中学习和合作，例如通过分布式学习算法和合作学习框架来实现多智能体之间的通信和协作。

（4）深度多智能体学习：随着深度学习技术的发展，深度多智能体学习也逐渐成为研究热点。研究人员利用深度神经网络等技术来建模多智能体系统，并通过强化学习等方法来优化智能体的行为和策略。

多智能体机器学习具有广泛的应用，如自动驾驶车辆中多车辆协同决策、电力系统中多智能体协同调度、金融市场中多智能体交易策略等。随着技术的不断发展和研究的不断深入，多智能体机器学习将在未来发挥越来越重要的作用。

第6章　数据表示与分析预测发展展望

4. AI for Science

继图灵奖得主吉姆·格雷(Jim Gary)在2007年提出科学研究经历了四种范式[43]的演变后①，微软剑桥研究院院长Chris Bishop等在2022年将AI for Science称为驱动科学研究的第五范式②。AI for Science是一种利用AI和机器猜想来进行科学发现的新方法，由中国科学院院士鄂维南于2018年在全球首次提出，其强调利用AI学习科学原理、创造科学模型来解决实际问题，使之成为科学研究的新范式。与前4种范式不同，它不仅依赖于已有数据和方程，而且能够通过机器学习模拟自然现象，推断出某些未知的规律，提高科学研究的效率和准确性，探索更广阔的可能性空间[43]。

AI for Science已得到国内外学界和业界的普遍认可，并获得一系列激励措施和计划。2020年年初，美国能源部发布 *AI for Science* 报告以促进人工智能在科学上的应用，涵盖高能物理和材料科学到计算技术等领域；2022年，微软研究院在全球成立AI for Science研究院——微软研究院科学智能中心；同年，法国国家科学研究中心(CNRS)成立人工智能与科学研究双向驱动的跨学科中心(the artificial intelligence for science, science for artificial intelligence center, AISSAI)，推动不同领域间的交流与合作，拓展AI在科学研究中的应用[43]。

中国科学院及其所属研究院所早在2019年起，已在生物医学、材料科学、计算物理及量子计算等多个学科领域开展了AI for Science相关研究。2023年3月，科学技术部会同国家自然科学基金委启动"人工智能驱动的科学研究"专项部署工作，推进面向重大科学问题的AI模型和算法创新，发展针对典型科研领域的AI for Science专用平台，布局AI for Science研发体系，逐步构建以AI支撑基础和前沿科学研究的新模式，加速我国科研范式变革和能力提升[31]。

从2020年开始，各领域AI for Science的研究成果随之进入了集中暴发阶

---

① 2007年，图灵奖得主吉姆·格雷(Jim Gary)认为科学研究经历了实验观察、理论推导、模拟仿真、数据驱动(即数据密集型科学发现)的演变，即经验范式、理论范式、计算范式、数据驱动范式等四种范式。

② Chris Bishop. 科学智能(AI4Science)赋能科学发现的第五范式. (2022-07-07). https：//www. msra. cn/zh-cn/news/features/ai4sci-ence.

段。在生命科学领域，由 Deep Mind 在 2021 年发布的 AlphaFold 2，已能成功预测 98.5% 的人类蛋白质三维结构，且预测结果与大部分蛋白质的真实结构只相差一个原子的宽度，可达到以往通过冷冻电子显微镜等复杂实验观察预测水平；百度与鹏城实验室于 2022 年共同打造了基于国产 AI 软硬件设备的"鹏城·扁鹊"平台，依托鹏城云脑大装置构建横跨基因和表型的多模态知识图谱、预训练模型和高精度生理生化仿真模型等，对人体生命组学大数据进行数据感知融合分析建模，最终服务于生命健康领域的基础研究和推动健康医疗的发展。

在分子动力学领域，DeePMD-kit 项目通过利用机器学习、高性能计算技术与物理建模相结合，能够将分子动力学的极限提升至 10 亿原子规模，同时保持高精度，大大解决了传统分子动力学中"快而不准""准而不快"的难题；微软研究院科学智能中心（microsoft research AI 4science）开发的通用分子结构建模网络 ViSNet，可以针对蛋白质等生物大分子给出精准的能量和力场的预测，提高自由能估计的准确性，促进有关蛋白质折叠热力学的进一步预测，有助于表征蛋白质的特性，从而潜在地增强实验研究。

在气象预测领域，2021 年，NVIDIA 基于傅里叶神经网络研发了 FourCastNet 模型，取得了与当今先进的数值预报模式 IFS 相近的准确率，且预报速度显著提升；2022 年，华为的盘古气象大模型的预报准确度与先进的数值预报业务系统 IFS 相当；2023 年，DeepMind 和谷歌在《科学》杂志上详细介绍了其开发的人工智能模型 GraphCast，微软自主系统与机器人研究小组以及微软研究院科学智能中心开发了 ClimaX，上海人工智能实验室联合中国科学技术大学等发布全球中期天气预报大模型"风乌"，上海科学智能研究院、复旦大学和中国国家气候中心联合研发行业内首个次季节气候大模型"伏羲"，人工智能天气模型研发成果丰硕。

在海洋智能预报领域，2023 年，清华大学研发了全球 1/4° 海洋环境预报大模型 AI-GOMS；2024 年，国防科技大学联合复旦大学大气与海洋科学系、中南大学计算机学院等单位研制了首个数据驱动的全球 1/12° 高分辨率海洋预报大模型"羲和"，其准确率达到世界先进全球数值预报业务系统水平，实现了海洋智能预报领域的重大突破。

第6章 数据表示与分析预测发展展望

表6.1 气象海洋智能预报模型

系统名称	研发单位	训练资源	输入数据	预报目标	整体性能
FourCastNet（2021.10）	英伟达等	64块Nvidia A100花费16小时完成训练	40年ERA5再分析数据0.25°，时间分辨率6小时	0.25°分辨率，对5个垂直层包含的20个要素进行短、中期预报	基于Transformer模型架构；当预报时长不超过3天时，预报准确度能与IFS模式相媲美
盘古气象大模型（2022.11）	华为	192块Nvidia V100花费15天完成训练	40年ERA5再分析数据0.25°，时间分辨率1小时	0.25°分辨率，对13个垂直层共计69个要素进行短、中期预报	基于Transformer模型架构；在一张V100显卡上完成24小时全球预报只需1.4秒；在所有场景中，均方根误差比IFS模式降低超过10%
GraphCast（2022.12）	DeepMind和谷歌	32台TPU v4设备，花费3周完成训练	40年ERA5再分析数据0.25°，时间分辨率6小时	0.25°分辨率，对5个地表变量和37个垂直层共计227个要素进行10天预测	基于GNN模型架构；在一个TPU v4设备上60秒内生成准确的10天天气预报；90%的预测结果表现优于IFS
ClimaX（2023.01）	微软	8块Nvidia V100花费约15小时完成训练	预训练阶段：CMIP6子数据集；微调阶段：36年ERA5再分析数据，5.625°与1.40625°	1.40625°与5.625°分辨率，对7个垂直层共48个要素进行短、中、次季节和季节预测	基于Transformer模型架构；在1.40625°下与IFS可媲美，长期上则更好；同时也做了区域预测、气候预测、气候模型降尺度任务

175

数据表示与分析预测若干关键技术研究

续表

系统名称	研发单位	训练资源	输入数据	预报目标	整体性能
风乌（2023.04）	上海人工智能实验室等	32个Nvidia A100GPU集群，花费17天完成训练	40年ERA5再分析数据0.25°，时间分辨率6小时	0.25°分辨率，对4个地表变量和37个垂直气压层共计189个要素进行10天预测	基于Transformer模型架构；在880个预报中80%的预测结果表现优于GraphCast
伏羲（2023.06）	复旦大学	基于CFFF平台的千卡并行智能计算，使用1天完成训练	39年ERA5再分析数据0.25°，时间分辨率6小时	0.25°分辨率，对5个地表变量和13个垂直气压层共计70个要素进行15天预测	基于U-Transformer模型架构；针对未来10天的预报，首次将基于AI的天气预报时长提升到15天
AI-GOMS（2023.08）	清华大学	使用64个Nvidia A100 GPU耗费34.2h完成训练	HYCOM再分析数据、ERA5再分析数据、ETOPO地形数据，1/12°，1天，共12年的数据。	在0.25°分辨率下，对垂直深度15个深度层，每层4种要素，及SSH要素，总共具有61个要素进行15天的预测	预报时长30天 基于傅里叶的掩模自动编码器结构；AI-GOMS在1/4°空间分辨率、15个深度层的全球海洋基本变量预测中取得了30天的最佳性能
羲和（2024.02）	国防科技大学、复旦大学等	使用8个Nvidia H800 GPU耗费约9d完成训练	麦卡托海洋再分析数据、OSTIA海表面温度数据、ERA5的10m风速数据，1/12°，1天，共使用了28年的数据	在1/12°分辨率下，对垂直深度23个深度层，每层4种要素，及SSH、SST要素，总共具有94个要素进行进行1～60天的预测	预报时长60天 基于Transformer模型架构；XiHe模型在所有测试变量的预测性能上均优于PSY4、GIOPS、BLK和FOAM

AI for Science结合机器学习拟合高维函数或数据的强大能力，推动科学研究从单任务的"小农作坊"走向集成发展的平台科研，即从传统环境下的低效协作转为通用平台上的规模化大生产，借鉴Linux、安卓等平台的成功经

验，直面产业需求，通过规模化和去中心化的测试加速科研和产业的对接，用开源带来"滚雪球效应"，聚集人才、数据、算法和应用场景，加速科研创新和成果应用。如今，AI方法已成为更复杂任务(如定理证明、结构设计和知识发现)实现过程中的关键技术。AI还在不断拓展应用学科领域，"人工智能驱动的科学研究"专项部署重点面向数学、物理学、化学、天文学等基础学科，必将为这些学科的快速发展带来新契机[44]。

6.3 本章参考文献

[1] LI B, PI D. Network representation learning: a systematic literature review[J]. Neural Comput & Applic, 2020, 32, 16647-16679. https://doi.org/10.1007/s00521-020-04908-5

[2] CHEN F, WANG Y C, WANG B, et al. Graph representation learning: a survey[J]. APSIPA Transactions on Signal and Information Processing, 2020, 9: e15

[3] ERICSSON L, GOUK H, LOY C C, et al. Self-supervised representation learning: Introduction, advances, and challenges[J]. IEEE Signal Processing Magazine, 2022, 39(3): 42-62.

[4] CHEN M S, LIN J Q, LI X L, et al. Representation learning in multi-view clustering: A literature review[J]. Data Science and Engineering, 2022, 7(3): 225-241.

[5] LE-KHAC P H, HEALY G, SMEATON A F. Contrastive representation learning: A framework and review[J]. Ieee Access, 2020, 8: 193907-193934.

[6] 潘梦竹，李千目，邱天. 深度多模态表示学习的研究综述[J]. Journal of Computer Engineering & Applications, 2023, 59(2).

[7] CHEN T, KORNBLITH S, NOROUZI M, et al. A simple framework for contrastive learning of visual representations[J]. International Conference on Machine Learning, 2020, 1-20.

[8] HE K, FAN H, WU Y, et al. Momentum contrast for unsupervised visual representation learning[J]. in Proc. IEEE/CVF Conf. Comput. Vis. Pattern Recognit., Jun. 2020, pp. 9729-9738.

[9] MISRA I, MAATEN L V D. Self－supervised learning of pretextinvariant representations[J]. in Proceedings of the IEEE/CVF Conf. Comput. Vis. Pattern Recognit. , Jun. 2020, 6707－6717.

[10] GRILL J B, STRUB F, ALTCHé F, et al. Bootstrap your own latent: A new approach to self－supervised learning[J]. Jun. 2020, arXiv: 2006. 07733. [Online]. Available: http: //arxiv. org/abs/2006. 07733.

[11] GAO X, HU W, TANG J, et al. Optimized skeleton－based action recognition via sparsified graph regression[J]. in Proceedings of the 27th ACM International Conference on Multimedia, 2019, 601－610.

[12] KIPF T N, WELLING M. Semi－supervised classification with graph convolutional networks[J]. arXiv preprint arXiv, 2016, 1609. 02907.

[13] LI R, WANG S, ZHU F, et al. Adaptive graph convolutional neural networks [J]. In Thirty-Second AAAI Conference on Artificial Intelligence, 2018.

[14] GAO H, CHEN Y, JI S. Learning graph pooling and hybrid convolutional operations for text representations [J]. arXiv preprint arXiv, 2019, 1901. 06965.

[15] HU F, ZHU Y, WU S, et al. Semi－supervised node classification via hierarchical graph convolutional networks[J]. arXiv preprint arXiv, 2019, 1902. 06667.

[16] YING Z, YOU J, MORRIS C, et al. Hierarchical graph representation learning with differentiable pooling[J]. In Advances in Neural Information Processing Systems, 2018, 4800－4810.

[17] BARROS C D T, MENDON？ A M R F, VIEIRA A B, et al. A survey on embedding dynamic graphs[J]. ACM Computing Surveys (CSUR), 2021, 55 (1): 1－37.

[18] GIAMPHY E, GUILLAUME J L, DOUCET A, et al. A survey on bipartite graphs embedding [J]. Social Network Analysis and Mining, 2023, 13 (1): 54.

[19] KUO C C. Understanding convolutional neural networks with a mathematical model. J. Vis. Commun[J]. Image Represent, 2016, 41: 406－413.

[20] ZHANG Q, NIAN W Y, ZHU S C. Interpretable convolutional neural networks [J]. In Proceedings of the IEEE Conference on Computer Vision and Pattern Recognition, 2018, 8827－8836.

[21] JAY KUO C C，ZHANG M，LI S，et al. Interpretable Convolutional Neural Networks via Feedforward Design[J]. Journal of Visual Communication & Image Representation，2019. DOI：10.1016/j.jvcir.2019.03.010.

[22] SCHOLKOPF B，LOCATELLO F，BAUER S，et al. Toward Causal Representation Learning[J]. in Proceedings of the IEEE，2021，109(5)：612－634. https：//doi：10.1109/JPROC.2021.3058954.

[23] LIU Y，WEI Y，YAN H，et al. Causal Reasoning with Spatial－temporal Representation Learning：A Prospective Study [J]. Machine Intelligence Research，2022，19：485－511. https：//doi.org/10.1007/s11633－022－1362－z.

[24] DONOHO D. 50 years of data science[J]. Journal of Computational and Graphical Statistics，2017，26(4)：745－766.

[25] MIKE K，HAZZAN O. What is Data Science? [J]. Communications of the ACM，2023，66：12－13. DOI：10.1145/3575663.

[26] ONG S，UDDIN S. Data science and artificial intelligence in project management：the past，present and future[J]. The Journal of Modern Project Management，2020，7(4)．

[27] 栾晓曦，赵易凡. 全球数据量井喷但存储量只占2%｜《产业转型研究》专刊报道－清华大学互联网产业研究院（tsinghua.edu.cn）[EB/OL] 2023-3-15．https：//www.iii.tsinghua.edu.cn/info/1131/3346.htm.

[28] MA Y，ZHANG C，ZHU S C. Brain in a vat：On missing pieces towards artificial general intelligence in large language models[J]. arXiv preprint arXiv，2023，2307.03762.

[29] 张伟男，刘挺. ChatGPT技术解析及通用人工智能发展展望[J]. 中国科学基金，2023，37（05）：751－757.

[30] MOLNAR C，CASALICCHIO G，BISCHL B. Interpretable machine learning－a brief history，state－of－the－art and challenges[C]//Joint European conference on machine learning and knowledge discovery in databases. Cham：Springer International Publishing，2020：417－431.

[31] ADADI A，BERRADA M. Peeking inside the black－box：a survey on explainable artificial intelligence（XAI）[J]. IEEE Access 6，2018，52138－52160．

[32] MOLNAR C. Interpretable machine learning[M]. Lulu Press，2019.

[33] ZACHARY C. Lipton. The Mythos of Model Interpretability：In machine learning, the concept of interpretability is both important and slippery[J]. ACMQueue, 2018, 61(10)：96 - 100.

[34] 化盈盈，张岱墀，葛仕明. 深度学习模型可解释性的研究进展[J]. 信息安全学报, 2020, 5(03)：1 - 12.

[35] 成科扬，王宁，师文喜，等. 深度学习可解释性研究进展[J]. 计算机研究与发展, 2020, 57(6)：1208 - 1217.

[36] GARSON G D . Interpreting neural - network connection weights[J]. AI Expert, 1991. 6(4)：46 - 51.

[37] ZEILER M D , Fergus R . Visualizing and Understanding Convolutional Networks[C]//ECCV 2014.：818 - 833.

[38] KOH P W, LIANG P . Understanding Black - box Predictions via Influence Functions[C]//Proc of the 34th Int Conf on Machine Learning. Cambridge, MA：MIT Press, 2017：1885 - 1894.

[39] LIPTON Z C . The Mythos of Model Interpretability[J]. Communications of the ACM, 2016, 61(10).

[40] HU Z, YANG Z C, LIANG X D, et al. Toward controlled generation of text [C]//Proc of the 34th Int Conf on Machine Learning. Cambridge, MA：MIT Press, 2017：2503 - 2513.

[41] MI J X, LI A D, ZHOU L F. Review study of interpretation methods for future interpretable machine learning[J]. IEEE Access, 2020, 8：191969 - 191985.

[42] 曾春艳，严康，王志锋，等. 深度学习模型可解释性研究综述[J]. 计算机工程与应用, 2021, 57(08)：1 - 9

[43] 杨小康，许岩岩，陈露，等. AI for Science：智能化科学设施变革基础研究[J]. 中国科学院院刊, 2024, 39(1)：59 - 69.

[44] 王飞跃，缪青海. 人工智能驱动的科学研究新范式：从 AI4S 到智能科学[J]. 中国科学院院刊, 2023, 38(4)：536 - 540.

[45] DONG X, THANOU D, RABBAT M, et al. Learning graphs from data：A signal representation perspective[J]. IEEE Signal. Process. Mag. , 2019, 36 (3)：44 - 63.